课堂实录

# Premiere

## 视频编辑实战课堂实录

唐红连 / 编著

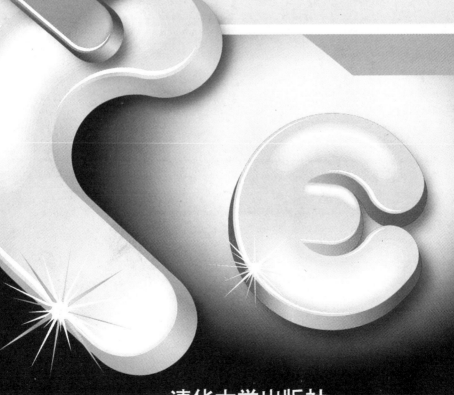

清华大学出版社

北京

## 内容提要

本书由专业设计师及教学专家倾力奉献，内容涵盖Premiere视频编辑中的轨道、剪辑、转场、特效、字幕、音频以及输出等基本概念和技能。案例包括电子相册、栏目片头、个人MV、书法横幅效果、创建滚屏字幕、位移动画、缩放动画、旋转动画、不透明度动画、转场特效、百叶窗转场效果、视频特效、抠像的使用等，案例全部来源于工作一线与教学实践，全书以课堂实录的形式进行内容编排，专为教学及自学量身定做，在附带的DVD光盘中包含了书中相关案例的素材文件、源文件和多媒体视频教学文件。

本书可作为大、中专院校及各类Premiere培训班的培训教材，特别定制的视频教学让你在家享受专业级课堂式培训，也适用于视频编辑、影视动画后期制作人员学习。

**图书在版编目(CIP)数据**

Premiere视频编辑实战课堂实录/唐红连编著. —北京：清华大学出版社，2014
（课堂实录）

ISBN 978-7-302-30798-3

Ⅰ.①P…　Ⅱ.①唐…　Ⅲ.①视频编辑软件—教材　Ⅳ.①TN94

中国版本图书馆CIP数据核字(2012)第287042号

责任编辑：陈绿春
封面设计：潘国文
责任校对：胡伟民
责任印制：杨　艳

出版发行：清华大学出版社
　　　　网　　　址：http://www.tup.com.cn，http://www.wqbook.com
　　　　地　　　址：北京清华大学学研大厦 A 座　　　　邮　　　编：100084
　　　　社　总　机：010-62770175　　　　　　　　　　邮　　　购：010-62786544
　　　　投稿与读者服务：010-62776969，c-service@tup.tsinghua.edu.cn
　　　　质　量　反　馈：010-62772015，zhiliang@tup.tsinghua.edu.cn
印　装　者：北京市密东印刷有限公司
经　　　销：全国新华书店
开　　　本：188mm×260mm　　　　印　张：16.75　　　字　　　数：485 千字
　　　　　　（附 DVD1 张）
版　　　次：2014 年 3 月第 1 版　　　　印　　　次：2014 年 3 月第 1 次印刷
印　　　数：1～4000
定　　　价：49.00 元

产品编号：045970-01

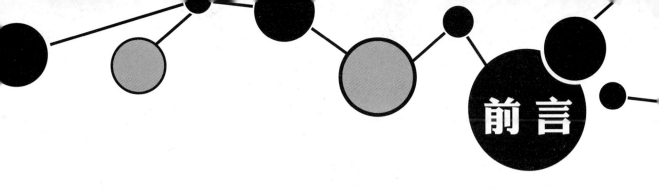

前 言

Adobe Premiere Pro CS5是目前最流行的非线性编辑软件，是数码视频编辑的强大工具，它作为功能强大的多媒体视频、音频编辑软件，应用不胜枚举，制作效果美不胜收，足以能协助用户更加高效地工作。

本书是专为想在较短时间内学习并掌握Adobe Premiere Por CS5的使用方法和技巧的读者进行编写的标准教程。本书语言平实，内容丰富、专业，并采用了图文并茂的叙述方式，从最基本的技能和知识点开始，辅以大量的实例作为导引，帮助读者轻松掌握软件的基本知识与操作技能，并做到活学活用。

## 本书主要内容

第1课介绍视频处理的基本知识。包括视频处理的基本知识、Premiere Pro CS5的系统要求、工作界面、操作界面介绍、界面布局以及重置工作界面。

第2课介绍基本操作与素材采集。包括实例：小试牛刀、实例：定制标准、实例：春的脚步（采集视频信号）、实例：科技时代、实例：纯真童趣（调整素材大小比例）。

第3课介绍常用编辑方法。包括实例：电子相册、实例：栏目片头、实例：海上货轮、实例：潮来潮去、实例：经典入球。

第4课介绍轨道与素材标记。包括实例：个人MV、实例：动态油画、实例：蒙太奇、实例：云山雾海。

第5课讲解字幕设计，包括实例：社会科学、实例：千里之行、实例：天道酬勤（书法横幅的效果）、实例：鎏金字（添加效果描边、阴影、风格）、实例：歌词播放（创建滚屏字幕）、实例：流线字（路径工具的使用）。

第6课介绍运动设置，包括实例：鱼戏荷叶（特效控制窗口的基本应用）、实例：运动的鼠标（位移动画）、实例：闪烁的星星（缩放动画）、实例：幸运转盘（旋转动画）、实例：隐形飞机（不透明度动画）、实例：时间控制（素材的时间控制）。

第7课介绍转场特效，包括实例：海天一色（转场的形式和使用方法）、实例：雨中绿林（系统内置特效）、实例：昼夜转换（过渡效果）、实例：新的一页（制作翻页转场效果）、实例：瀑布飞雨（编辑转场效果）、实例：百叶窗（百叶窗转场效果）。

第8课为精彩特效，包括实例：变脸（视频特效的使用方法）、实例：修改照片（模糊与锐化类特效的应用）、实例：水墨山水（风格化特效的应用）、实例：秋之丰硕（调色特效的应用）、实例：水中倒影（变形特效的应用）、实例：乌云闪电（调色插件的运用）。

第9课讲述抠像，包括实例：静静的河水（抠像在影视中的应用）、实例：影视播报（使用蓝屏抠像）、实例：海上扁舟（Alpha通道在Premiere中的应用）、实例：宏伟的建筑（颜色抠像）、实例：丝丝入扣（Track Matte Key的应用）、实例：熊熊火焰（抠像综合运用）。

第10课讲述编辑音频，包括音频素材的基本使用、Premiere支持的音频格式、调音台的使用、音频转场、使用音频特效、实例：制作回音效果。

第11课讲解视频输出，包括Premiere输出作品的类型、输出媒体文件、单独音频文件、影片文件、DVD文件、MOV文件。

## 本书具有以下特点

1. 专业设计师及教学专家倾力奉献。从制作理论入手，案例全部来源于工作一线与教学实践。

2. 专为教学及自学量身定做。以课堂实录的形式进行内容编排，包含了46个相关视频教学文件。

3. 超大容量光盘。本书配备了DVD光盘，包含了案例的多媒体语音教学文件，使学习更加轻松、方便。

4. 完善的知识体系设计。涵盖了Premiere视频编辑中的轨道、剪辑、转场、特效、字幕、音频以及输出等基本概念和技能。

本书由唐红连主笔。参加编写的还包括：郑爱华、郑爱连、郑福丁、郑福木、郑桂华、郑桂英、郑海红、郑开利、郑玉英、郑庆臣、郑珍庆、潘瑞兴、林金浪、刘爱华、刘强、刘志珍、马双、唐红连、谢良鹏、郑元君。

作者

# 目录

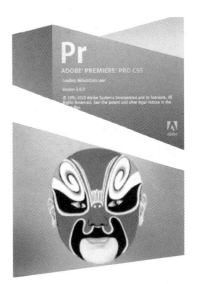

## 第8课　精彩特效

## 第9课　抠像

## 第10课　编辑音频

## 第11课　视频输出

# 第1课
# Adobe Premiere Pro CS5
# 基础知识

Premiere Pro CS5 是Adobe公司推出的产品，它是该公司基于QuickTime系统推出的一个多媒体制作软件，是一款编辑画面质量比较好的软件，有较好的兼容性，且可以与Adobe公司推出的其他软件相互协作。

Premiere Pro CS5在多媒体制作的领域扮演着举足轻重的角色。它能使用多轨的影像与声音来合成与剪辑avi、mov等动态影像格式。目前这款软件广泛应用于广告制作和电视节目制作中，能够支持MP3格式的声音播放，使音乐素材更加容易获得，同时也增加了一些过渡功能。

Adobe Premiere Pro CS5也是一个非常优秀的视频编辑软件，能对视频、声音、动画、图片、文本进行编辑加工，并最终生成电影文件。

## 【本课知识】
1. 视频处理的基本知识
2. Premiere Pro CS5的安装
3. Premiere Pro CS5的工作界面
4. Premiere Pro CS5的操作界面

# 1.1 视频处理的基本知识

Adobe Premiere Pro是目前最流行的非线性编辑软件，是数码视频编辑的强大工具，它作为功能强大的多媒体视频、音频编辑软件，应用范围不胜枚举，制作效果美不胜收，足以能协助用户更加高效地工作。Adobe Premiere Pro以其新的合理化界面和通用高端工具，兼顾了广大视频用户的不同需求，在一个并不昂贵的视频编辑工具箱中，提供了前所未有的生产能力、控制能力和灵活性。Adobe Premiere Pro是一个创新的非线性视频编辑应用程序，也是一个功能强大的实时视频和音频编辑工具，是视频爱好者们使用最多的视频编辑软件之一。

## 1.1.1 视频采集

采集的信号分为模拟信号和数字信号。使用模拟信号的时代已经悄然过去，现代日常生活中一般的电视机接收和播放的大多是数字信号的视频，并且计算机中的各种视频也都是数字信号。

现在视频采集多为使用摄像机工具进行采集，视频采集的过程也就是将摄像机上所记录的模拟信号或数字信号视频，传输到计算机上的一个转换过程。

要想使视频采集的画面质量清晰，对计算机的硬件、软件配置也是有较高的要求，计算机的运行速度快，内存足够大，是首要条件。同样要想采集的信号好，专业的视频采集卡是必不可少的。

**1．视频采集的质量要求**

进行视频采集，自然质量越高越好。应考虑影响数字视频质量的各种参数，包括视频压缩比、视频的尺寸和视频采集的帧速率等。

使用高档的视频采集卡，都采用硬件压缩方式，一般可以采集标准视频尺寸、每秒25帧或者30帧的视频，同时要求合适地设置视频压缩比。较为低档的视频采集卡一般采集的视频尺寸是四分之一屏幕大小，采集时要设置好视频压缩比例和帧采集速率。

**2．模拟信号和数字信号**

模拟信号是指由摄像机等获取设备直接获得的信号，它是随时间连续变化的信号，它的信号波形在时间和幅度上都是连续的。

数字信号是指将模拟信号经过采样和量化后而获得的信号，它的信号波形沿时间轴方向是离散的，在信号幅度方向上也是离散的。计算机中的数字信号就是连续信号经过采样的量化后得到的离散信号。

**3．电视制式**

电视的制式分为"PAL制作式"和"NTSC格式"。PAL制式即逐行倒相正交平衡调幅制，中国和西欧采用这种制式。NTSC制式是在1952年由美国国家电视系统委员会制定的彩色电视广播标准，即吊正交平衡调幅制，美国和日本使用这种制式。除此之外，现有的制式还有法国制定的SECAM制，主要在法国、东欧国家使用。电视的制式决定了视频的存储、传输、接收等各种技术要求。

**4．视频文件的各种格式**

在Premiere中支持的图像文件格式有：GIF、JPG、BMP、PSD、FLM、FLC、FLI、TGA、TIF、WMF、DXF、PCL、PCX和PCD；支持的视频文件格式有：AVI、MMM、MOV、MPG、QT和RM。

## ■ 1.1.2 转场

转场特效的使用是非常重要的，转场特效是将两段素材连接到一起的一个项目工作，只有使用恰当的转场特效才能使前后素材贯穿到一起，从而实现画面与画面的自然衔接。转场特效分为3D Motion（三维空间运动效果）、Disslove（溶解效果）、Iris（分割效果）、Map（映射效果）、Page Peel（翻页效果）、Slide（滑动效果）、Special Effect（特殊形态效果）、Stretch（伸展效果）、Wipe（擦除效果）、Zoom（缩放效果）。

每个转场应用在不同的素材间，会出现不同的视觉效果。但需要注意的是，如果在编辑一段较长的片子时，镜头间的转场也不能频繁使用，这样不但不会起到好的效果，反而会让人感觉画面太花哨，所以合理地运用转场特效也是很有学问的。

## ■ 1.1.3 特效

视频特效的使用，丰富了画面的美感，使原本平淡的画面更有活力，更贴近生活。视频特效分为调整画面类特效、模糊与锐化类特效、扭曲及风格化类特效。

调整画面类特效包括Brighrness&Contrast（亮度与对比度）、Channel Mixer（通道合成器）、Color Balance（色彩平衡）、Auto Levels（自动色阶）、Extract（提取）、Levels（色阶）、Color Pass（颜色通道）、Color Replace（色彩替换）、Gamma Correction（灰阶校正）等。这些特效主要是对素材颜色属性的调整，通过调整，使画面提高亮度，颜色鲜明，整体效果达到最佳。

模糊类特效包括Camera Blur（镜头模糊）、Channel Blur（通道模糊）、Fast Blur（快速模糊）和Gaussian Blur（高斯模糊）等。模糊特效主要是通过混合颜色达到模糊画面的效果；锐化类特效包括Sharpen（锐化）和Unsharp Mask（自由遮罩）。锐化特效是通过增强颜色之间的对比使画面更加清晰。

扭曲与风格化类特效包括Bend（弯曲变形）、Lens Distortion（镜头扭曲变形）、Spherize（球面）、Twirl（漩涡）、Wave Warp（波纹）、Alpha Glow（Alpha辉光）、Color Emboss（彩色浮雕）、Mosaic（马赛克）等。扭曲特效主要是在画面中产生扭曲变形的效果，而风格化特效可以在画面中产生光辉、马赛克、浮雕等特效。因此这两种特效在画面中会比较清晰明显地表现出与原画面的不同。

## ■ 1.1.4 声音合成

### 1. 音频采集的软、硬件要求

进行音频采集时，要获得较好质量的音频，对计算机的硬件有一定的要求，要求机器的配置要高，运行速度要快，内存要大。另外，需要配备的硬件还包括声卡和音箱。要采集较好音质的声音片段，声卡要配置得比较好。

Premiere进行音频采集有两种渠道。一种是用Premiere直接进行采集，即把音频和视频一起采集，让音频成为项目文件的声音信道，最后存储为.avi文件。另一种渠道是利用其他的软件，这时要求计算机上装有录制声音的软件。

### 2. 音频采集质量要求

数字音频的质量主要取决于模拟信号向数字信号转换时的采样频率和量化比特数。音频的采样频率和量化比特数越高，获得的数字音频质量就越好。

### 3. 音频文件格式

在Premiere中，视频和音频素材都有属于自己的专门轨道。MP3、WAV、WMV、WMA、AI、SDI和Quick Time格式的音频文件格式在Premiere中都被支持。

# 1.2 Premiere Pro CS5 的系统要求

借助革命性的本机 64 位、GPU 加速 Mercury Playback Engine，Adobe® Premiere® Pro CS5 软件为视频制作提供了卓越性能，使用户能大幅提高工作速度。

- Intel® Core™ 2 Duo 或 AMD Phenom® II 处理器需要64位系统。
- 需要 64位操作系统：Microsoft® Windows Vista® Home Premium，Business，Ultimate 或 Enterprise（带有 Service Pack 1）或者Windows® 7。
- 2GB内存，推荐 4GB或更大内存。
- 10GB可用硬盘空间用于安装，安装过程中需要额外的可用空间（无法安装在基于闪存的可移动存储设备上）。
- 编辑压缩视频格式需要 7200 转硬盘驱动器，未压缩视频格式需要RAID 0。
- 1280×900屏幕，OpenGL 2.0兼容图形卡。
- GPU加速性能需要经Adobe认证的GPU卡。
- 为SD/HD工作流程捕获并导出到磁带需要经Adobe认证的卡。
- 需要OHCI兼容型IEEE1394端口进行DV和HDV捕获、导出到磁带并传输到DV设备。
- ASIO协议或Microsoft Windows Driver Model兼容声卡。
- 双层DVD（DVD+-R刻录机用于刻录DVD，Blu-ray刻录机用于创建Blu-ray Disc媒体）兼容DVD-ROM驱动器。
- 需要QuickTime 7.6.2 软件以实现QuickTime功能。
- 在线服务需要宽带Internet 连接。

# 1.3 工作界面

Premiere Pro CS5的启动界面与以前版本不同，以前的版本都是长方形的启动界面，而新版本的启动界面设置得很有立体感，很有美感。

**01** 双击打开桌面 按钮，启动Premiere Pro CS5，如图1-1所示。

图1-1　启动Premiere Pro CS5

02 稍等5~10秒，系统弹出图1-2所示的对话框。在此对话框中可以为新文件命名，也可以打开以前编辑的文件，还提供了帮助、退出等命令。

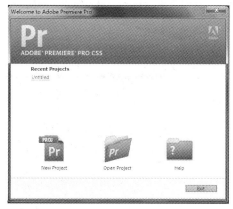

图1-2 【新建项目】对话框

03 继续操作，系统再次弹出【新项目】对话框，如图1-3所示。在此对话框中可以设置相关的参数。

图1-3 【新项目】对话框

04 在【新项目】对话框中操作后要在【新序列】对话框中设置制式、帧速率、画面尺寸、音频标准等。

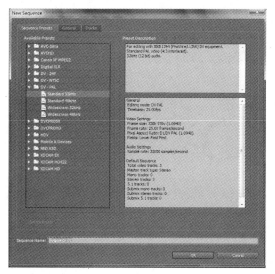

图1-4 【新序列】对话框

# 1.4 操作界面介绍

启动Premiere Pro CS5，设置相关参数后，便进入到了默认的操作界面，如图1-5所示。

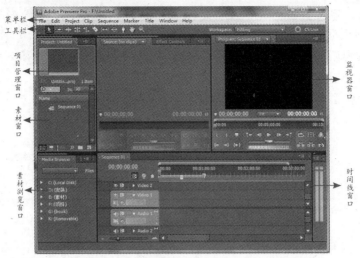

图1-5　Premiere Pro CS5操作界面

　　项目管理窗口：项目文件管理是Premiere对影视作品进行管理的有效方式。项目文件是一个项目的管理中心，它记录了一个项目的基本设置、素材信息等。当用户编辑的影片需要的素材很多的时候，用项目窗口中的文件夹（箱）来管理素材文件是个方便高效的办法。在项目窗口中，用户可以根据需要创建多层次的箱结构。

　　素材窗口：双击项目窗口中的素材，可以在此窗口中直接播放预览素材。

　　监视器窗口：是Premiere中的重要部分，在工作界面中占据大部分面积。监视器可以随时观察到视频素材，好比是人的一双眼睛。监视器中有不同的按钮，这些按钮对素材的编辑起到重要的作用。

　　素材浏览窗口：在此窗口中可以直接查找到素材的路径。

　　时间线窗口：用于对整个节目的各个素材进行编辑。在时间线窗口中，从左至右以影片播放时的顺序显示整个影片中的所有素材。时间线窗口是完成剪辑、编辑影片的"编辑室"，所有操作都要在这里完成。

# 1.5 界面布局

　　根据不同的视频编辑要求和个人的操作习惯，系统提供了几种预设方案。选择菜单栏中的【Window】/【Workspace】命令后可以看到5种方案，如图1-6所示。

图1-6　界面布局方案

**01** 选择菜单栏中的【Window】/【Workspace】/【Audio】命令，选择音频布局，这样可以方便后期音频合成的编辑操作，如图1-7所示。

图1-7　音频布局

**02** 选择菜单栏中的【Window】/【Workspace】/【Color Correction】命令，选择校色布局，这种布局可方便快捷地对素材的颜色进行校正，如图1-8所示。

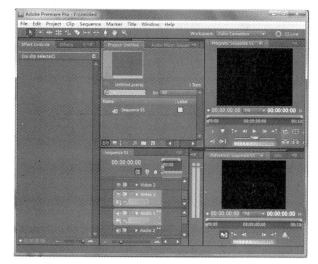

图1-8　校色布局

**03** 选择菜单栏中的【Window】/【Workspace】/【Editing】命令，选择编辑布局，如图1-9所示。编辑布局也是平时最为常用的一种布局。

图1-9　编辑布局

04 选择菜单栏中的【Window】
/【Workspace】/【Effects】
命令，选择特效布局，如
图1-10所示。

图1-10　特效布局

# 1.6　重置工作界面

在操作时难免会将布局拖
动或误关闭了某个对话框而无
法继续后面的操作，如图1-11
所示。

图1-11　误操作

01 选择菜单栏中的【Window】
/【Workspace】/【Reset
Current Workspace】命
令，重置工作界面，如图
1-12所示。

图1-12　重置工作界面

**02** 系统弹出【重置工作界面】对话框，提示是否回到默认工作界面，单击Yes按钮，如图1-13所示。

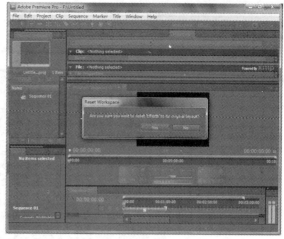

图1-13 设置重置界面

**03** 此时系统将回到默认状态，便可继续操作，如图1-14所示。

图1-14 编辑布局

# 【课后练习】添加安全框

在Premiere监视器中添加安全框，可以有效地对画面进行观察，也可以保证在最终成品后画面不会有丢失，监视器窗口如图1-15所示。

图1-15 监视器窗口

在监视器窗口下方单击 █ 按钮，监视器窗口中出现白框如图1-16所示。在编辑视频素材输入文字时，要将文字位置调于白色安全框内，因为在最终渲染生成后中显示白色安全框内的内容。

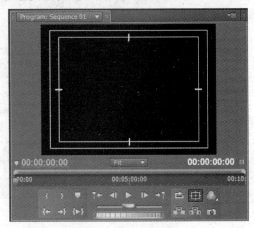

图1-16　添加安全框

# 第2课
# 基本操作与素材采集

Adobe Premiere Pro软件是一款专业视频编辑工具，是一种基于非线性编辑设备的视音频编辑软件，可以在各种平台下和硬件配合使用，被广泛的应用于电视台、广告制作、电影剪辑等领域，成为PC和MAC平台上应用最为广泛的视频编辑软件。它是一款相当专业的DV编辑软件，专业人员结合专业的系统的配合可以制作出广播级的视频作品。在普通的微机上，配以比较廉价的压缩卡或输出卡，也可制作出专业级的视频作品和MPEG压缩影视作品。

从 DV 到未经压缩的 HD，几乎可以获取和编辑任何格式，并输出到录像带、DVD 和 Web。Adobe Premiere Pro 2.0 还提供了与其他 Adobe 应用程序的集成功能。

素材的采集需要有专门的采集设备，1394视频采集卡是较为基础的一种，其功能较为简单，并且操作方便。

## 【本课知识】

1. 操作流程
2. 制式标准
3. 视频采集
4. 转换视频格式
5. 调整素材大小

# 2.1 实例：小试牛刀

为了能使读者更好地了解软件，也为了后面顺利的学习，下面通过制作简单的实例来了解Premiere的基本流程。在本实例中从开始的设置文件尺寸，到导入视频素材、导入音频素材，到调整素材的长度，最后的渲染输出完整地进行讲解。

操作步骤

01 双击 按钮，启动Premiere Pro CS5应用程序。

02 在弹出的【Welcome to Premiere Pro】对话框中选择【New Project】选项，如图2-1所示。

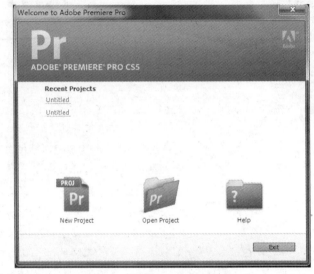

图2-1 选择【New Project】

03 选择了【New Project】命令后，会弹出【New Project】对话框，在对话框中单击 Browse... 按钮，在弹出的【文件浏览】对话框中为新建的文件指定路径，并为新项目命名为"炫彩"，如图2-2所示。

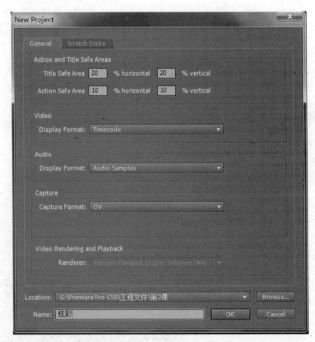

图2-2 【New Project】对话框

**04** 单击 OK 按钮，在【New Sepuence】对话框中选择【DV-PAL】下的"Standard 48kHz"选项，为新序列命名为"炫彩"，如图2-3所示。

图2-3 【New Sepuence】对话框

**05** 执行菜单栏中【File】/【Import】命令，将打开【Import】对话框，选择"金色花瓣.avi"素材文件，将其导入Premiere中，如图2-4所示。

图2-4 选择文件

**06** 在项目窗口中选中"金色花瓣"，拖动鼠标将其移至时间线窗口中的 Video1 轨道中，如图 2-5 所示。

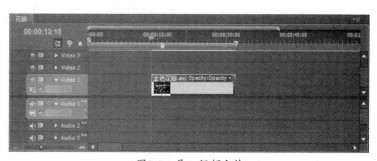

图2-5 导入视频文件

07 在时间线窗口中调整素
材，使视频素材放置于第0
帧处，如图2-6所示。

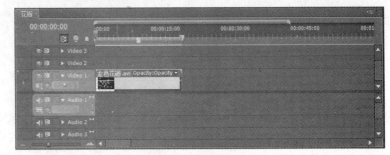

图2-6　调整素材位置

08 单击监视器窗口中的▶按
钮，查看效果，如图2-7
所示。

图2-7　查看效果

09 按键盘上的【Ctrl+S】快
捷键保存文件，可以发现
将文件保存后，其标题栏
尾部的"*"号就不见了，
因此要适时地将文件保
存，不然一旦出现死机、
断电的情况，文件将会丢
失，如图2-8所示。

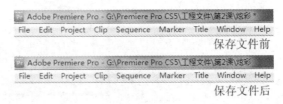

图2-8　保存文件

10 利用同样的方法，将"闪
烁.avi"素材文件导入到
Premiere中，并拖至时间
线窗口中的Video1轨道
中，如图2-9所示。

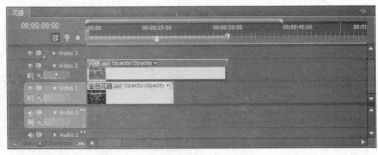

图2-9　导入素材

11 现在"闪烁"素材与"花瓣"素材重叠，选中"闪烁"素材将其拖动到"花瓣"素材的尾部，如图2-10所示，这样两段素材都可以正常播放。

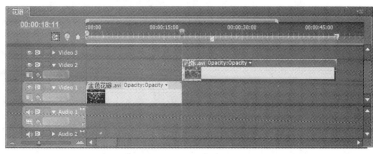

图2-10 调整素材位置

12 执行菜单栏中的【File】/【Export】/【Media】命令，在弹出的【Export Settings】对话框中设置各项参数，如图2-11所示。

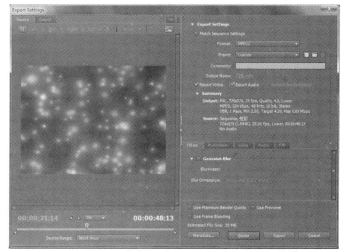

图2-11 设置参数

13 单击【Output Name】右侧的按钮，在弹出的【Save As】对话框中选择文件保存路径，如图2-12所示。

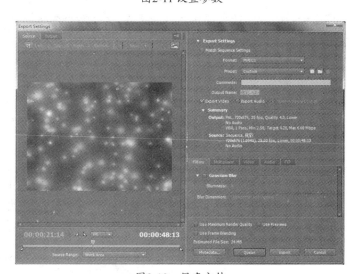

图2-12 保存文件

14 单击 保存(S) 按钮，返回【Export Settings】对话框，单击 Export 开始生成，如图2-13所示。

图2-13 开始生成

15 生成的影片 "炫彩.m2v" 文件可以在前面保存的文件夹中找到，如图2-14所示。

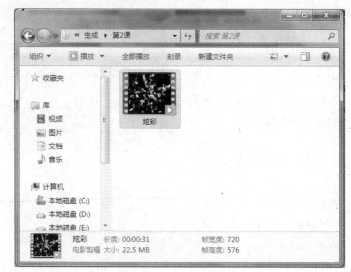

图2-14　生成的影片

# 2.2 实例：定制标准

序列参数的设置就是项目文件的设置。在启动Premiere应用程序时，新建一个项目文件，在弹出的【Project Settings】对话框中设置了常规参数和文件保存路径后，单击 OK 按钮，在弹出的【New Sepuence】对话框中进行项目文件的设置，如图2-15所示。

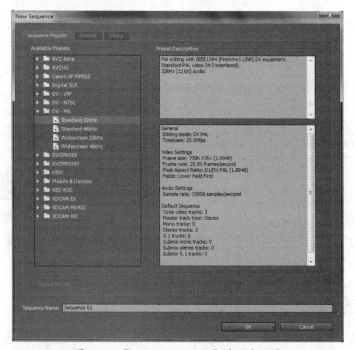

图2-15　【Sequence Presets】选项卡设置

序列给出的形式有很多种，PAL是中国大陆内地使用的形式，以NTSC开头的形式则多在北美地区使用，所以在标准情况下，选择DV-PAL项下的Standard 48kHz或Standard 32kHz。

选择【General】选项卡后可以看到选择了PAL制式后，项目文件具体的常规设置，如图2-16所示。

图2-16 【General】选项卡设置

选择【Tracks】选项卡后可以看到项目文件的参数设置，如图2-17所示。

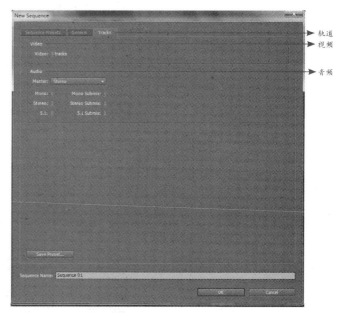

图2-17 【Tracks】选项卡设置

● 常规设置：电影的标准基准是24，NTSC制电视的时间基准是30，PAL制电视的时间基准是25。对于时间显示模式，从网络上或是光驱上播放视频可选30 fps Non Drop-Frame Time-code。

● 视频设置：在进行完常规设置后，选择【Video Settings】进入视频设置，在视频设置中帧尺寸的制作影响影片播放的速度，若CPU速度不是很快，可以将图框调整得小一些，在最终输出时放大即可。

● 音频设置：越高的速率和格式代表越高的声音品质。如CD的音质是44kHz、16位Stereo，而一般多媒体制作的为32000Hz、Stereo或Mono。

# 2.3 实例：春的脚步（采集视频信号）

1394采集卡是现有视频采集卡中的一种，由于视频采集卡目前分为硬压缩卡和软压缩卡，因此1394采集卡可以分为常见的两类：一种是带有硬件DV实时编码功能的DV卡；另一种是用软件实现压缩编码的1394卡。

1394采集卡采集AVI格式到电脑这一过程是无损的，但是AVI格式文件比较大，不利于保存，所以就得压缩成MPEG格式，而从AVI格式到MPEG格式的转换却是有损的，其损失程度的大小直接由电脑的配置情况及所用的软件所决定，并且还得花费大量的时间，而压缩卡一般是直接采集成MPEG格式的，因为其板卡上有自己的压缩运算芯片，采集效果基本上对电脑配置情况没有什么依赖性，并且采集时间是实时的。所以，带有硬压缩功能的1394采集卡，在相同电脑配置的情况下，其在压缩时间与压缩质量都要比较软件压缩胜出一筹！

**操 作 步 骤**

01 双击 Pr 按钮，启动Premiere Pro CS5应用程序。

02 安装1394采集卡，用1394线将摄像机和电脑1394卡连接起来，如图2-18所示。

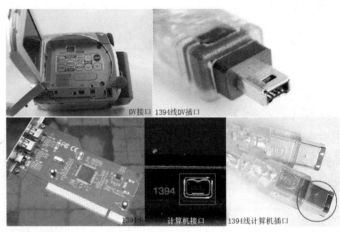

图2-18　连接摄像机和电脑

03 将摄像机打开至拍摄档或加放档，执行【File】/【Capture】命令，将打开【Capture】窗口，如图2-19所示。

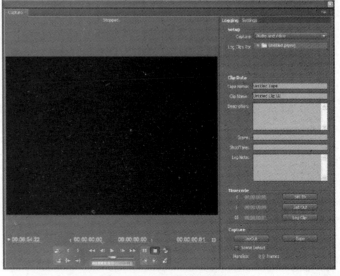

图2-19　【Capture】窗口

**04** 单击【Capture】窗口中的
　　按钮，如图2-20所示。

图2-20　单击【播放】按钮

**05** 单击播放按钮后，开始播放
　　DV 影像，如图 2-21 所示。

图2-21　播放影像

**采集方法一**

**06** 选择好需要采集影像的入
　　点，单击　　按钮开始采
　　集，如图2-22所示。

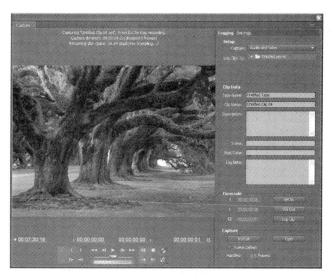

图2-22　开始采集

**07** 选择好需要采集影像的出
　　点，单击　　按钮结束采集，
　　随后弹出【Save Captured
　　Clip】对话框，给采集的片
　　段命名为"采集 01.avi"，
　　如图 2-23 所示。

图2-23　【Save Captured Clip】对话框

**08** 单击 OK 按钮关闭对话框，此时采集的片段已经存放在项目窗口中，如图2-24所示。

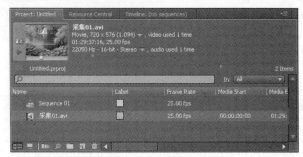

图2-24　项目窗口

**采集方法二：**

**09** 打开【Capture】窗口，通过拖动时间滑块找到需要剪辑片段的入点，单击 Set In 按钮确定采集的入点，如图2-25所示。

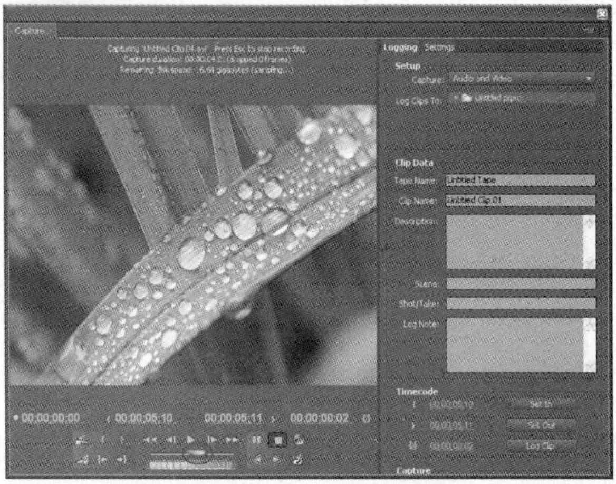

图2-25　确定采集的入点

**10** 利用同样的方法找到采集片段的出点，单击 Set Out 按钮确定。

**11** 采集片段的入点和出点已经确定了，这时单击【Capture】属性下的 In/Out 按钮，在弹出的【Save Captured Clip】对话框中，将采集的片段命名为"采集02.avi"，如图2-26所示。

图2-26　【Save Captured Clip】对话框

**12** 单击 OK 按钮关闭对话框，此时采集的片段已经存放在项目窗口中，如图2-27所示。

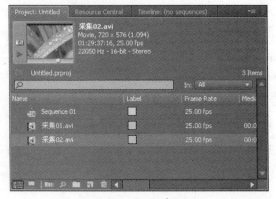

图2-27　项目窗口

# 实例：科技时代

Premiere 可输出独立的媒体文件，这些文件可以保存在计算机的存储设备上，此处所说的媒体文件包括视频文件、音频文件和图片或图片序列文件。在Premiere中媒体文件都是由Adobe Media Encoder输出生成的。

Premiere Pro CS5可以输出的视频文件包括Microsoft AVI、P2 Movie、QuickTime、Uncompressed Microsoft AVI、FLV、H.264、H.264 Blu-ray、MPEG4、MPEG1、MPEG2、MPEG2-DVD、MPEG2 Blu-ray、Windows Media。

下面介绍3种视频格式的转换，将素材"科技时代.avi"视频文件，转换为".mpeg"格式、".m2v"格式和".mov"格式的3种视频文件。

**操作步骤**

01　将"素材/第2课/科技时代.avi"拖至时间线窗口的视频轨道中，查看时间线的范围条是否与视频素材的尾部对齐，如果视频素材超出了时间线的范围条，那么超出的部分就不会被超出，如图2-28所示。

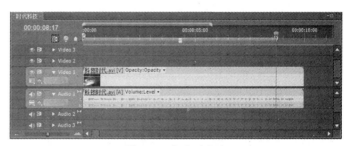

图2-28　超出的部分

02　激活工具箱中的工具，将其放置在范围条的末端，向右拖动鼠标使其末端与视频末端对齐，如图2-29所示。

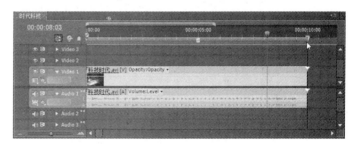

图2-29　调整范围条

03　末端对齐后要激活时间线窗口，此时被激活的时间线窗口四周有一圈黄边，如图2-30所示。

图2-30　激活时间线窗口

**04** 执行菜单栏中的【File】/
【Export】/【Media】命
令，如图2-31所示。

图2-31　选择输出文件命令

**05** 此时系统弹出【Export
Settings】对话框，设置文
件格式及参数，如图2-32
所示。

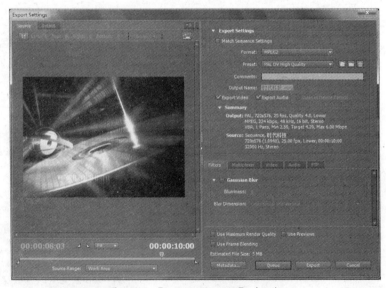

图2-32　【Export Settings】对话框

**06** 单击 保存(S) 按钮，返回
【Export Settings】对话框，
单击 Export 按钮开始生
成，如图2-33所示。

图2-33　开始生成

07 生成的影片"科技时代.mpeg"文件可以在保存的文件夹中找到,如图2-34所示。

图2-34 生成的文件

08 执行菜单栏中的【File】/【Export】/【Media】命令,在弹出的【Export Settings】对话框中设置文件格式及参数,如图2-35所示。

09 单击 保存(S) 按钮,返回【Export Settings】对话框,单击 Export 按钮开始生成,生成的影片"科技时代.m2v"文件可以在保存的文件夹中找到。

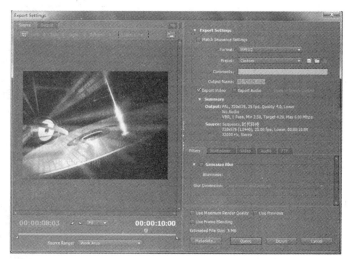

图2-35 【Export Settings】对话框

10 执行菜单栏中的【File】/【Export】/【Media】命令,在弹出的【Export Settings】对话框中设置文件格式及参数,如图2-36所示。

11 单击 Export 按钮开始生成,生成的影片"科技时代.mp4"文件可以在保存的文件夹中找到。

Premiere Pro CS5可以输出的音频文件包括MP3、Windows Waveform、Audio Only。

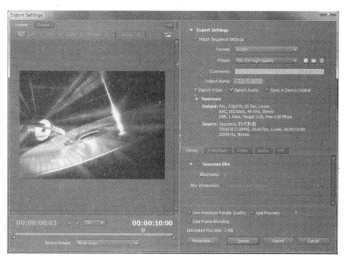

图2-36 【Export Settings】对话框

操作步骤

01 将"素材/第2课/音频
文件.wav"文件拖至时间
线窗口的音频轨道中，使
时间线的范围条与音频文
件的尾部对齐，如图2-37
所示。

图2-37 调整范围条

02 执行菜单栏中的【File】
/【Export】/【Media】
命令，在弹出的【Export
Settings】对话框中设置文
件格式及参数，如图2-38
所示。

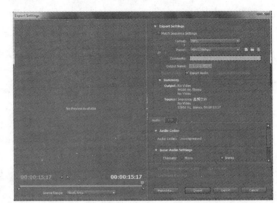

图2-38 【Export Settings】对话框

03 单击 Export 按钮开始生
成，如图2-39所示。

图2-39 开始生成

04 生成的"音频文件.mp3"
文件可以在保存的文件夹
中找到，如图2-40所示。
Premiere Pro CS5可以输
出的图片或图片序列文件包括
Windows Bitmap、Animated
GIF、GIF、Targa、TIFF。

图2-40 生成的文件

【操作步骤】

01 将"素材/第2课/科技流.avi"文件拖至时间线窗口的视频轨道中，使时间线的范围条与音频文件的尾部对齐。

02 执行菜单栏中的【File】/【Export】/【Media】命令，在弹出的【Export Settings】对话框中设置文件格式及参数，如图2-41所示。

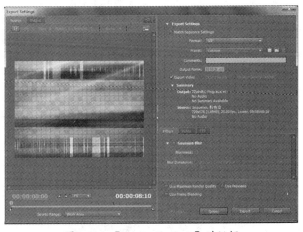

图2-41 【Export Settings】对话框

03 单击 Export 按钮开始生成。生成的"科技流.gif"文件可以在保存的文件夹中找到。

04 执行菜单栏中的【File】/【Export】/【Media】命令，在弹出的【Export Settings】对话框中设置文件格式及参数，如图2-42所示。

05 单击 Export 按钮开始生成。生成的"科技流.tga"文件可以在保存的文件夹中找到。

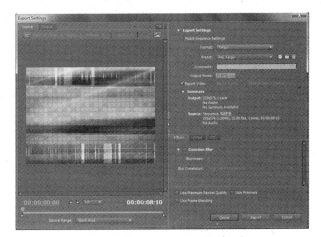

图2-42 【Export Settings】对话框

# 2.5 实例：纯真童趣(调整素材大小比例)

在一个画面中添加多个画面，画面与画面不能重叠，要想实现这种效果，可以利用缩放功能来对素材进行大小的调整，使其更好地融合到画面中。

【操作步骤】

01 执行菜单栏中的【File】/【Import】命令，将打开【Import】对话框，选择"童趣.jpg"图片和"纯真童趣.mov"素材文件，将它们导入Premiere中，如图2-43所示。

图2-43 导入图片

02 在项目窗口中分别将"童趣.jpg"和"纯真童趣.mov"两个素材分别拖动至时间线窗口中的Video1轨道中和Video2轨道中，如图2-44所示。

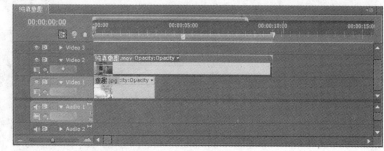

图2-44　移动素材

03 在时间线窗口中将光标放置到"童趣.jpg"素材的右端，当光标变为╫时，向右拖动鼠标，将两个素材的右端对齐，如图2-45所示。

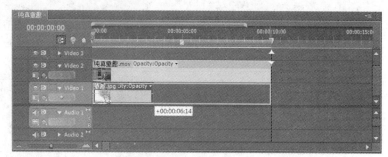

图2-45　调整素材位置

04 在时间线窗口中选中"纯真童趣"素材，在【Effect Controls】"特效控制"对话框中选择【Motion】下的【Scale】选项，设置参数调整画面大小，并设置【Position】参数调整画面位置，如图2-46所示。

05 单击监视器窗口中的 ▶ 按钮观察画面效果，如图2-47所示。

图2-46　设置参数

06 为了使"纯真童趣"素材更好地融入到画面中，在【Effects】"特效"面板中选择【Video Effects】/【Perspective】/【Drop Shadow】特效，如图2-48所示。

图2-47　观察素材

图2-48　设置参数

**07** 将【Drop Shadow】特效拖动到时间线"纯真童趣"素材上，放开鼠标左键，该特效已经添加。

**08** 在【Effect Controls】特效控制对话框中设置【Opacity】和【Distance】参数，使其达到画中画的效果，如图2-49所示。

图2-49 设置参数

**09** 按键盘上的【Ctrl+S】快捷键，保存文件。执行菜单栏中的【File】/【Export】/【Media】命令，在弹出的【Export Settings】对话框中设置文件格式及保存路径，如图2-50所示。

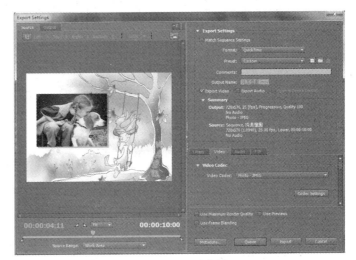

图2-50 设置参数

**10** 单击对话框中的 Queue 按钮，打开【Adobe Media Encoder】对话框，如图2-51所示。

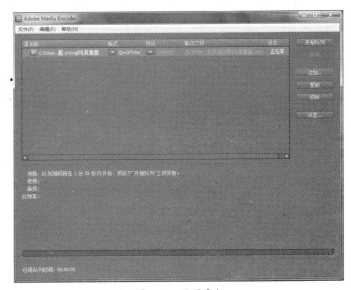

图2-51 设置参数

11 单击 开始队列 按钮，开始
生成视频文件，如图2-52
所示。

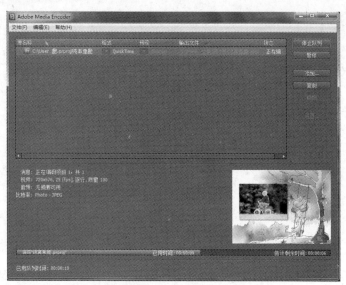

图2-52　生成文件

12 最终"纯真童趣.mov"
文件的视频截图效果如图
2-53所示。

图2-53　视频截图

## 【课后练习】替换素材

在后期编辑视频文件时，视频的什么时间段出现什么样的素材是非常重要，在适当的时候插入合适的素材不仅前后连贯，而且富有美感，所以剪辑的过程中要不断地调整素材。

这里介绍替换素材【Replace Footage】命令的使用。首先在【Project】窗口中选择当前素材，单击鼠标右键执行【Replace Footage】命令，再找到一个新素材将其替换来完成替换素材的工作。为了方便学习，提供了两个视频文件，在"素材/第2课"内可以看到"树叶.mp4"和"喜鹊.mp4"两段视频素材，读者可以进行练习。

# 第3课
# 常用编辑方法

Premiere Pro这一视频编辑软件，最基础、最核心的就是影片剪辑技术。一个成功的影像作品，必然是建立在细致的、精确的影片编辑基础上的。因此全面而熟练地掌握影片编辑的技能是必要的。

影片编辑的方法和技巧丰富多样，包括设置切入、切出点，创建子剪辑和虚拟剪辑，使用标记，改变剪辑的状态，处理交错的场，三四点编辑、使用裁剪模式，以及预览剪辑等内容。

## 【本课知识】

1. 项目窗口的使用
2. 导入不同类型的素材
3. 监视器窗口使用
4. 时间线窗口的使用
5. 控制影片的播放速度

# 3.1 实例：电子相册

【Project】窗口是整个项目制作的核心，在这个大仓库中可以存放当前项目所有的基本素材。每一个引入到影片的片段，都会在此窗口中显示出它的文件名、文件类型、持续时间等信息。在【Project】窗口中，可以直接拖动素材的图标来改变它们的排列顺序。当选中多个素材并把它们拖到【Timeline】窗口时，这些素材会以相同的顺序排列。

**操作步骤**

01 双击■按钮，启动Premiere Pro CS5应用程序，建立一个新的项目文件"电子相册"。

02 执行菜单栏中【File】/【Import】命令，打开【Import】对话框，在"素材/第3课"文件夹中同时选中"微风拂柳.mov"、"胶片.jpg"、"豹.jpg"、"狗.jpg"、"马.jpg"、"熊猫.jpg"、"孔雀.jpg"和"骆驼.jpg"等素材文件，将它们导入Premiere项目窗口中，如图3-1所示。

图3-1　导入素材

03 在项目窗口中选择"微风拂柳.mov"素材，将其拖动到时间线窗口中的Video轨道1上，如图3-2所示。

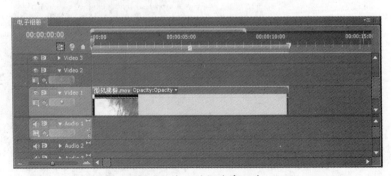

图3-2　拖入时间线窗口中

**04** 利用同样的方法，在项目窗口中选择"胶片"文件，将其拖到时间线窗口中的Video2轨道中，将时间指针调整至00:00:02:00处，调整胶片素材的长度，如图3-3所示。

图3-3 拖入时间线窗口中

**05** 在时间线窗口中将时间指针放置在0帧处，在【Effect Controls】"特效控制"对话框中设置【Motion】下【Position】的参数，如图3-4所示。

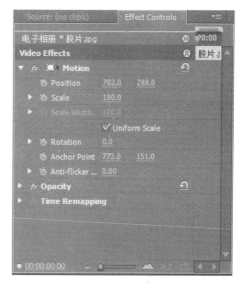

图3-4 设置参数

**06** 单击【Motion】下【Position】前面的 按钮，记录关键帧，如图3-5所示。

图3-5 记录关键帧

07 在时间线窗口中将时间指针拖到"胶片"素材的末端，如图3-6所示。

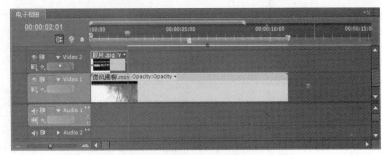

图3-6 拖动时间指针

08 在【Effect Controls】"特效控制"对话框中设置【Motion】下【Position】的参数，记录关键帧，如图3-7所示。

图3-7 记录关键帧

09 在时间线窗口中选中"胶片"素材，按键盘上的【Ctrl+C】键复制素材，并将时间指针放置在"胶片"素材的末端，按键盘上的【Ctrl+V】键，将复制的素材粘贴在此处，如图3-8所示。

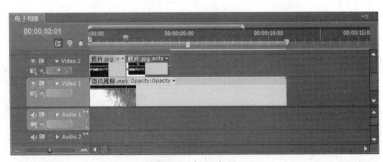

图3-8 复制素材

10 在时间线窗口中选中复制后的素材，将先前【Motion】下【Position】记录的关键帧互相换一下，如图3-9所示。

图3-9 调整关键帧

11 现在可以在节目监视器窗口预览一下画面，前段"胶片"素材设置关键帧后是从左到右进行播放；后面一段素材设置了关键帧后是从右向左倒播。

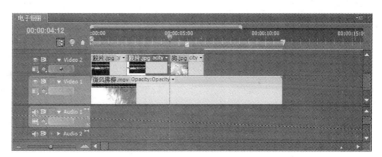

图3-10 素材位置

12 继续前面的操作，在项目窗口中将"狗"素材拖至时间线窗口中，位置如图3-10所示。

13 在【Effect Controls】特效控制对话框中设置【Motion】下的【Position】相关参数，调整素材的位置处于画面中间，如图3-11所示。

图3-11 调整素材

14 并在【Effect Controls】"特效控制"对话框中设置【Motion】下的【Scale】参数，在第0帧时设置【Scale】参数为0.0，单击[icon]按钮记录关键帧，将时间指针拖至此素材的末端，设置【Scale】参数为71.0并记录关键帧，如图3-12所示。

图3-12 记录关键帧

15 用节目监视器观察"狗.jpg"素材的变化，由小到大出现在画面中，如图3-13所示。

图3-13 观察视频图像

16 利用相同的方法，依次处理"马"和"熊猫"素材，分别使其从画面的左侧到中间、画面的下方到中间的运动方法出现在画面中，在这里就不做详细介绍，读者可以根据前面介绍的方法，结合自己的一些想法来设置素材的入点和停留的地方。

17 保存文件。执行菜单栏中的【File】/【Export】/【Media】命令，在弹出的【Export Settings】对话框中设置文件格式及保存路径，如图3-14所示。

18 单击对话框中的 Queue 按钮，打开【Adobe Media Encoder】对话框，如图3-15所示。

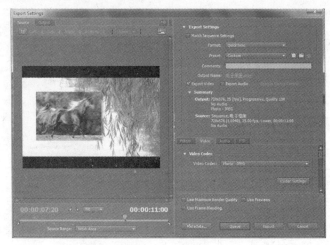

图3-14 设置参数

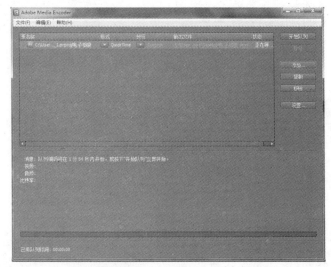

图3-15 参数设置

19 单击 开始队列 按钮，开始生成视频文件。最终"电子相册.mov"文件的视频截图效果如图3-16所示。

图3-16 视频截图

# 3.2 实例：栏目片头

Premiere能够导入视频素材、图片序列素材、图片素材以及音频素材。视频素材指将一系列的静态影像以电信方式加以捕捉、记录、处理、储存、传送与重现的各种技术；图片序列素材是图片素材的一种，由一组多张连续的静帧图片组成，将多幅连续的图像按照一定的速率播放；图片素材是单张的静态图片作为素材；音频素材的编辑是Premiere具有的一大功能，常见的格式有.wav、.wma、mp3等。

**操 作 步 骤**

01 双击 **Pr** 按钮，启动 Premiere Pro CS5 应用程序，建立一个新的项目文件"栏目片头"。

02 将"素材/第3课/背景avi"文件导入到Premiere中，并拖动至时间线窗口中，如图3-17所示。

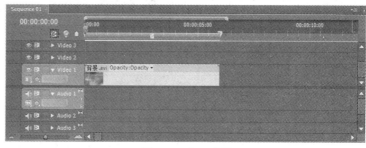

图3-17 导入素材

03 在"素材/第3课/光效"中选中如图3-18所示的图片，并选中【Numbered Stills】复选项，导入图片序列素材。

图3-18 导入图片素材

04 将"光效"素材拖至时间线窗口中的Video2轨道中，并调整素材长度，如图3-19所示。

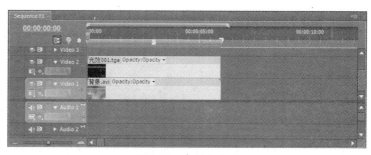

图3-19 素材的位置

05 在时间线窗口中选中"光效素材",按键盘上的【Ctrl+C】键复制素材,激活Video轨道3,此时被激活的轨道以灰度显示,按键盘上的【Ctrl+V】键粘贴素材,如图3-20所示。复制素材要提高光效的亮度。

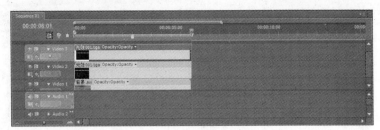

图3-20  复制素材

06 用同样的方法导入"素材/第3课/logo.tga"文件,并将其拖动到时间线窗口Video4轨道中,如图3-21所示。

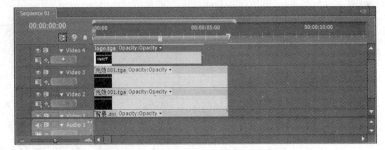

图3-21  导入素材

07 在时间线窗口中调整"logo.tga"素材的位置,使其尾部与所有素材的尾部对齐,如图3-22所示。

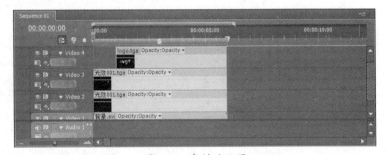

图3-22  素材的位置

08 将"素材/第3课/声音"文件导入到Premiere中,并将其拖动到Audio轨道1中,如图3-23所示。

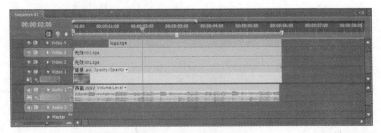

图3-23  导入音频文件

09 在时间线窗口中调整声音素材的位置,使其尾部与所有素材的尾部对齐,如图3-24所示。

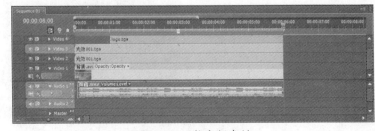

图3-24  调整音频素材

10 保存文件。执行菜单栏中的【File】/【Export】/【Media】命令，在弹出的【Export Settings】对话框中设置文件格式及保存路径，如图3-25所示。

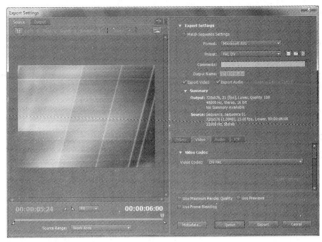

图3-25 设置参数

11 单击对话框中的 Queue 按钮，打开【Adobe Media Encoder】对话框，如图3-26所示。

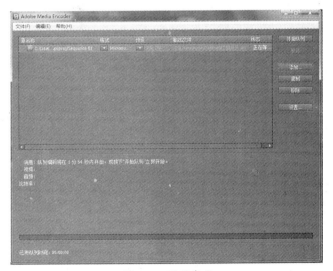

图3-26 设置参数

12 单击 开始队列 按钮，开始生成栏目片头。最终"栏目片头.avi"文件的视频截图效果如图3-27所示。

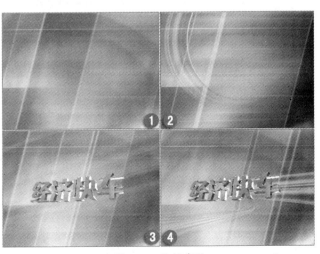

图3-27 视频截图

# 3.3

### 实例：海上货轮

监视器窗口就是用来显示源素材与编辑节目的窗口。监视器窗口中的按钮很像录像机的控制面板，提供了多种模式的监视、寻帧、设置入出点、打标记点的操作。当要将素材添加到序列中，就可以在节目监视器中看到编辑结果，也可以将素材添加入素材监视器中调整使用。

**操 作 步 骤**

**01** 双击 Pr 按钮，启动 Premiere Pro CS5应用程序，建立一个新的项目文件"海上货轮"。

**02** 执行菜单栏中【File】/【Import】命令，打开【Import】对话框，将"素材/第3课"中"海上货轮.mov"视频文件导入到Premiere项目窗口中，如图3-28所示。

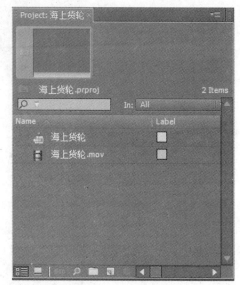

图3-28　导入素材

**03** 在项目窗口中双击"海上货轮"素材，在素材监视器窗口中可以看到此素材，如图3-29所示。

图3-29　观察素材

**04** 在素材监视器窗口中设置时间为3秒时，单击 按钮设定入点，如图3-30所示。

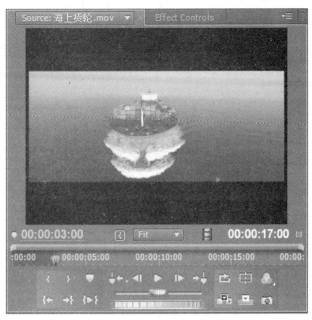

图3-30　设定入点

**05** 在素材监视器窗口中再设置时间为18秒30时，单击 按钮设定出点，如图3-31所示。

图3-31　设定出点

**06** 在素材监视器窗口中单击"插入"按钮 ，将入点和出点间的素材放至到了时间线窗口中，如图3-32所示。

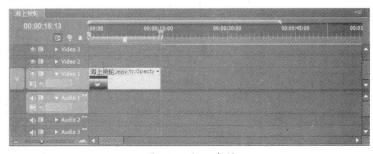

图3-32　插入素材

07 在节目监视器窗口中设置时间为13秒时，单击 按钮设定入点，如图3-33所示。

图3-33　设定入点

08 在素材监视器窗口中再设置时间为13秒10时，单击 按钮设定出点，如图3-34所示。

图3-34　设定出点

09 在节目监视器窗口中单击"抽出"按钮，此时时间线窗口中的素材如图3-35所示。

图3-35　抽出素材

10 在时间线窗口中选中后面的
素材将其与前段素材的末端
对齐，如图3-36所示。

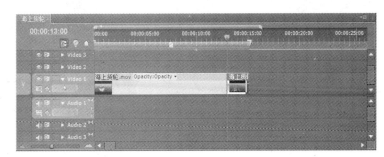

图3-36 调整素材

11 保存文件。执行菜单栏中
的【File】/【Export】/
【Media】命令，在弹出
的【Export Settings】对
话框中设置文件格式及保
存路径，如图3-37所示。

图3-37 设置参数

12 单击对话框中的 Queue
按钮，打开【Adobe
Media Encoder】对话
框，开始队列，如图3-38
所示。

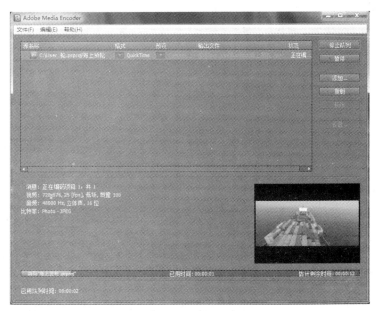

图3-38 开始队列

13 单击 开始队列 按钮，开始生成视频文件。最终"海上货轮.mov"文件的视频截图效果如图3-39所示。

图3-39　视频截图

# 3.4　实例：潮来潮去

在Premiere中，时间线窗口是非线性编辑器的核心窗口，在时间线窗口中，从左到右以电影播放时的次序显示所有该电影中的素材，视频、音频素材中的大部分编辑合成工作和特技制作都是在该窗口中完成的。

操作步骤

01 双击 按钮，启动Premiere Pro CS5应用程序，建立一个新的项目文件"潮来潮去"。

02 执行菜单栏中【File】/【Import】命令，打开【Import】对话框，将"素材/第3课/图片"中所有风景图片和"潮来潮去.mov"视频文件导入到Premiere项目窗口中，如图3-40所示。

03 在项目窗口中单击 按钮，建立一个"箱"，可以命名为"风景"，如图3-41所示。

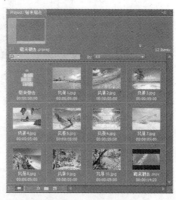

图3-40　导入素材

图3-41　新建箱

04 将项目窗口中的所有风景
图片拖到"风景"箱中，
如图3-42所示。

图3-42 调整素材

05 将风景图片按顺序拖动到
时间线窗口中的Video1轨
道中，如图3-43所示。

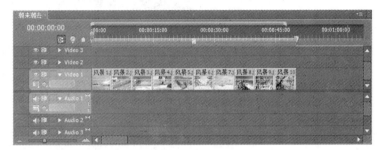

图3-43 导入图片

06 在节目监视器窗口中观察
导入的图片素材，如图
3-44所示。

图3-44 观察素材

07 按住键盘上的【Shift】
键，在时间线窗口中选中
"风景2"、"风景3"和
"风景7"，如图3-45所示。

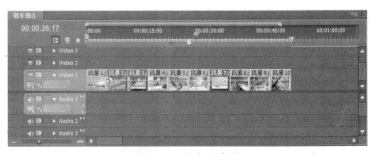

图3-45 选中的素材

**08** 按住键盘上的【Delete】
键，将选中的风景照片删
除，如图3-46所示。

图3-46　删除素材

**09** 删除素材后，时间线窗口
中留下空白，将后面的素
材补到空白处，使素材首
尾连接，如图3-47所示。

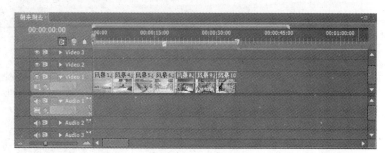

图3-47　调整素材

**10** 将项目窗口的"潮来潮去
.mov"视频文件拖动到时
间线窗口Video2轨道中，
如图3-48所示。

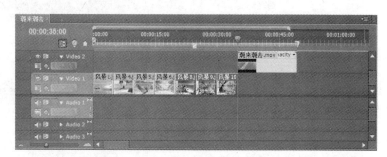

图3-48　导入素材

**11** 在时间线窗口Video2轨
道上单击按钮，在弹出的
下拉菜单中选择【Show
Frames】选项，在时间
线窗口中拖动滑块观看素
材，如图3-49所示。

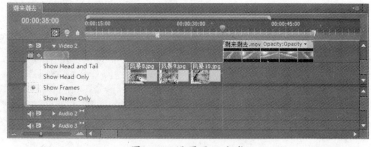

图3-49　设置显示方式

**12** 在时间线窗口中将时间指
针拖至需要剪辑的素材处
来指定素材的编辑点，如
图3-50所示。

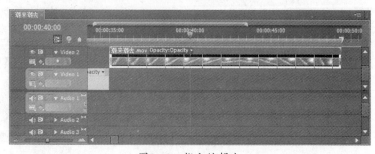

图3-50　指定编辑点

13 确定好编辑点后，单击节目监视器窗口视图控制区域的 按钮，将指定的编辑点设置为该剪辑的切入点。这时在时间线窗口中将会出现一个切入点的符号，如图3-51所示。

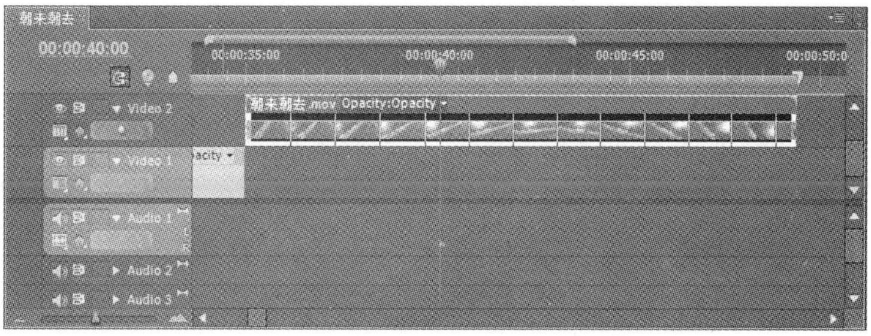

图3-51 剪辑的切入点

14 在节目监视器窗口中也可以看到该剪辑的切入点，如图3-52所示。

图3-52 剪辑的切入点

15 同样，在时间线窗口中设定下一个编辑点的位置，然后在节目监视器窗口中单击 按钮，就将当前的编辑点设置成该剪辑的切出点，如图3-53所示。

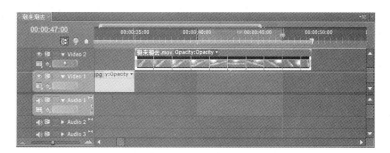

图3-53 设置切出点

16 对剪辑设置了切入点和切出点并不是立即应用到节目中，在时间线窗口中将视频素材始端拖至到入点处，如图3-54所示。

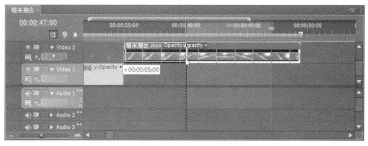

图3-54 将鼠标放置在剪辑的开始处

17 松开鼠标,素材如图3-55
所示。

图3-55　裁剪后的素材

18 同样将鼠标指针放置在该剪
辑素材的结尾部,按住鼠标
左键将剪辑的素材拖至切出
点处,如图3-56所示。

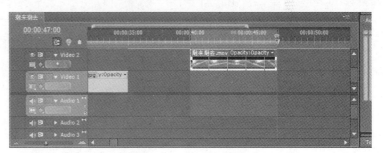

图3-56　裁剪后的素材

19 在工具栏中选择按钮,在
时间线窗口中选中“潮来
潮去”并将其拖至“风
景”图片的后面,如图
3-57所示。

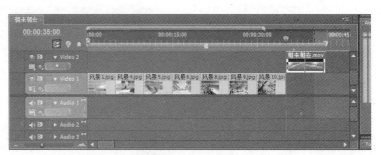

图3-57　调整素材

20 保存文件。执行菜单栏中
的【File】/【Export】/
【Media】命令,在弹出
的【Export Settings】对
话框中设置文件格式及保
存路径,如图3-58所示。

21 单击对话框中的 Queue
按钮,打开【Adobe
Media Encoder】对话
框,开始队列,单击
开始队列 按钮,开始生成
输出文件。

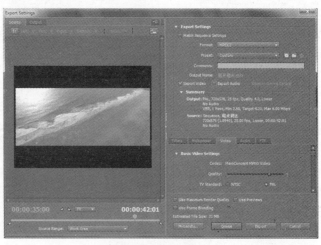

图3-58　设置参数

# 3.5 实例：经典入球

片段的速度就是影视作品最后的播放速度，加快速度将导致一些帧被忽略，而减慢速度将导致一些帧被重复播放。利用片段速度的设置，可以制作出在影视作品中经常看到的加快、慢动作和倒放等效果。

**操作步骤**

01 双击 <kbd>Pr</kbd> 按钮，启动 Premiere Pro CS5应用程序，建立一个新的项目文件"经典入球"。

02 执行菜单栏中【File】/【Import】命令，打开【Import】对话框，在"素材/第3课"文件夹中选择"经典入球.mov"文件，如图3-59所示。

图3-59　选择文件

03 选择文件后，在【Import】对话框中单击"打开"按钮，将文件导入到项目窗口中，如图3-60所示。

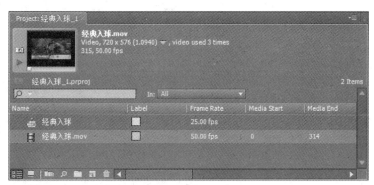

图3-60　项目窗口

04 将鼠标指针移至"经典入球.mov"的图标处，按住鼠标左键将其拖入Video1轨道中，如图3-61所示。

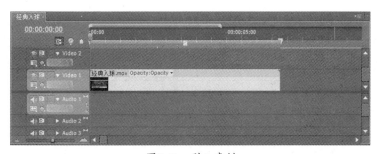

图3-61　引入素材

05 在时间线窗口中拖动时间滑块，在监视器窗口中观察并选择一段作为制作慢动作的素材。

06 在时间线窗口中将时间指针移至00:00:00:10处，如图3-62所示。

图3-62 调整时间指针

07 单击激活工具面板中的 按钮，将鼠标指针移至Video轨道上剪辑的编辑线处，如图3-63所示。

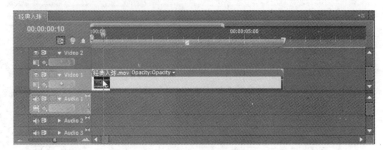

图3-63 移动鼠标至编辑线处

08 单击鼠标左键分割素材，如图3-64所示。

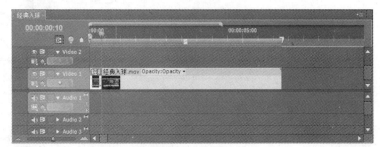

图3-64 分割素材

09 在时间线窗口中将时间指针移至00:00:01:08处，如图3-65所示。

图3-65 调整时间指针

10 单击激活工具面板中的按钮，将鼠标指针移至Video轨道上剪辑的编辑线处，如图3-66所示。

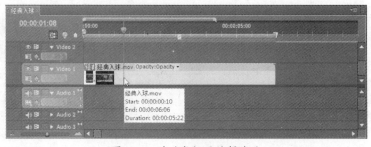

图3-66 移动鼠标至编辑线处

**11** 单击鼠标左键分割素材，如图3-67所示。

图3-67　分割素材

**12** 在Video轨道中选中如图3-68所示的素材。

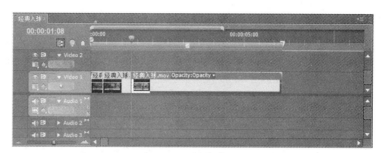

图3-68　选中素材

**13** 将选中的素材移至Video2轨道中，如图3-69所示。

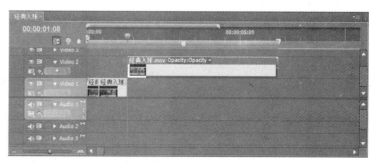

图3-69　调整素材轨道

**14** 在Video1轨道上选中后面的素材，并单击鼠标右键，在弹出的快捷菜单中执行【Speed/Duration】命令，如图3-70所示。

图3-70　选择【Speed/Duration】命令

**15** 在弹出的【Clip Speed/Duration】对话框，将【Speed】设置为%，这时发现【Duration】自动变为00:00:00:00，如图3-71所示。

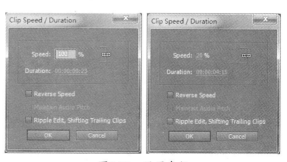

图3-71　设置参数

16 单击OK按钮关闭对话框。这时再回到Video轨道中观看剪辑的变化，如图3-72所示。

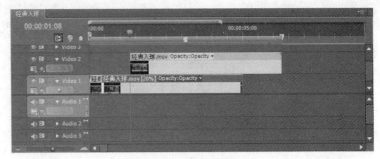

图3-72　剪辑的变化

17 将Video2轨道上的素材再移回Video1轨道上，使其与前段素材的尾部对齐，如图3-73所示。

18 按键盘上的空格键进行预览，然后保存并生成.mov格式的文件。

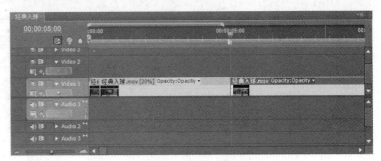

图3-73　调整素材位置

## 【课后练习】：音视分离

　　一个素材同时含有视频和音频，在引入轨道时，该素材的视频部分和音频部分被分别放置在相应的轨道中。在引入轨道中后，同一素材的视频和音频是同步的，但这并不代表它们必须始终同步。如果不想保留音频素材，可以将音频素材与视频素材分离，然后删除音频素材。只要在轨道中选中素材，利用菜单栏中的【Clip】/【Unlink】命令，将音频和视频素材分开就可以了。选中音频文件按【Delete】键，便可以删除音频文件；反之如果不想保留视频文件，操作方法也是一样的。

# 第4课
# 轨道与素材标记

　　轨道是一个比较重要的工作区域，有很多操作要求对同轨道上的所有素材进行。例如整个轨道的平移、删除等。Premiere提供了轨道选择工具大大方便了对同轨道素材的选定，还可以通过单击某轨道上的某一段素材，即可选定该轨道上自该素材开始的所有素材，而不必再对每一段素材一一进行选取。轨道复选素材则使得用户可以同时选定多条轨道上的素材。这些素材可以是整条轨道上的素材，也可以是时间线窗口中某一个时间点开始的素材。范围选择工具、块选择工具、轨道选择工具和轨道复选工具在时间线窗口的工具按钮栏中共用同一个按钮；标记点可以指示某素材的位置，为了快速地在素材上查找到所需的画面，在编辑工作中经常需要使用一些标记来方便定位和查找。

## 【本课知识】

1. 轨道的基本构成和分类
2. 添加与删除轨道
3. 素材在轨道中的基本操作
4. 制作淡入淡出效果
5. 使用标记素材实现声画对位

# 4.1 实例：个人MV

轨道是显示素材内容的窗口，视频轨道和音频轨道是Premiere剪辑影像的基本构成元素，它具有许多与素材相关的属性、类型、透明度以及剪辑合成模式等。

**操作步骤**

01 双击 按钮，启动 Premiere Pro CS5 应用程序，建立一个新的项目文件"个人MV"。

02 将"素材/第4课/海边.mov"文件导入到Premiere中，并拖动至时间线窗口中，如图4-1所示。

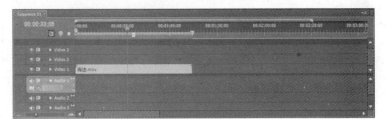

图4-1 导入素材

03 单击视频轨道中的 按钮，可以展开此轨道，以显示相应剪辑的更多信息，如图4-2所示。

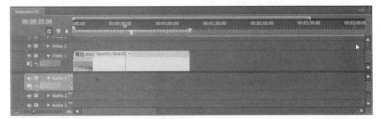

图4-2 展开此轨道

04 单击轨道中 左边方框的 按钮，此方框内将出现一把锁的图标（ ），这就表明已锁定该轨道，此时的素材如图4-3所示。这样素材就不会因误操作而改变当前状态。

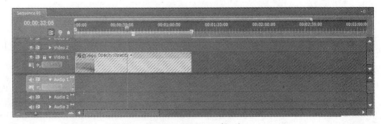

图4-3 锁定此轨道

05 单击轨道前的 按钮，选择剪辑类型为每帧显示类型，如图4-4所示。

图4-4 选择显示类型

**06** 此时轨道中的素材以每帧显示的类型呈现在时间线窗口中，如图4-5所示。

图4-5 每帧显示类型

**07** 为了方便操作，可以将Video1轨道的素材放大，将鼠标放置于Video1和Video2轨道的中间，当出现图标时向上拖动鼠标，Video1轨道中的素材就会变大，如图4-6所示。

图4-6 调整轨道

**08** 单击轨道前的按钮解锁，在时间线窗口中将时间指针设置为00:00:18:20处，单击按钮切断素材，如图4-7所示。

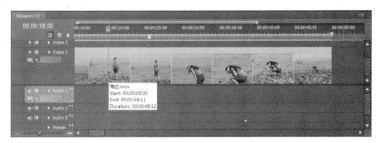

图4-7 切断素材

**09** 在时间线窗口中再将时间指针设置为00:00:26:20处，单击按钮切断素材，如图4-8所示。

图4-8 切断素材

**10** 在时间线窗口中选中被切开的素材，单击鼠标右键执行【Ripple Delete】命令，如图4-9所示。

图4-9 选择【Ripple Delete】命令

11 此时时间线窗口的素材
被删除，并将后面的素材
自动与前面素材连接到一
起，如图4-10所示。

图4-10　素材自动连接

12 利用同样的方法将"素材
/第4课/声音.mp3"文件
导入到Premiere中，并拖
动至时间线窗口中，如图
4-11所示。

图4-11　导入声音素材

13 将时间指针拖至声音素材
的开始的地方，如图4-12
所示。

图4-12　切断音频素材

14 在时间线窗口中选择音
频切断前面的素材，按
「Delete」键删除素材，
如图4-13所示。

图4-13　删除切断的素材

**15** 选前面没有声音的部分，按键盘上的Delete键删除，如图4-14所示。

图4-14　调整素材

**16** 在时间线窗口调整音频素材至图4-15所示的位置。

图4-15　调整素材位置

**17** 在时间线窗口中的Audio1轨道中单击 按钮，给音频素材添加一个关键帧，如图4-16所示。

图4-16　添加关键帧

18 在时间线窗口中将时间指针拖到00:00:01:20处，在时间线窗口Audio1轨道中单击◐按钮，给音频素材再添加一个关键帧，如图4-17所示。

图4-17　拖动时间指针

19 为了使声音有起伏，调整第一个关键帧的位置，将其拉到下方，如图4-18所示。

图4-18　调整关键帧

20 导入的音频文件要长于视频素材，在时间线窗口中调整音频素材的长度，使其与视频素材的长度一致，如图4-19所示。

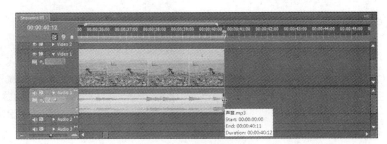

图4-19　调整素材长度

21 利用同样的方法，在音频素材的尾部添加两个关键帧，使声音渐渐消失，并调整关键帧的位置，如图4-20所示。

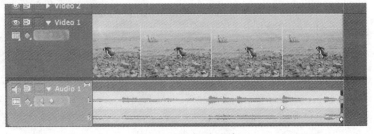

图4-20　调整关键帧

22 按键盘上的空格键进行预览，然后保存并生成.mov格式的文件。视频截图效果如图4-21所示。

图4-21 视频截图

# 4.2 实例：动态油画

在时间线窗口中，系统默认一个项目存在6个轨道：3个视频轨道和5个音频轨道。如果在编辑的过程中要实现素材叠加效果，默认的3个轨道不够用的时候，轨道是可以添加的，通过添加来满足需要。轨道可以添加，相反也就可以减少。

操作步骤

01 双击 Pr 按钮，启动 Premiere Pro CS5 应用程序，建立一个新的项目文件"个人MV"。

02 执行菜单栏中【File】/【Import】命令，打开【Import】对话框，在"素材/第4课"文件夹中同时选中"背景.tga"、"风筝.tga"、"前景树.tga"、"背景树.tga"和"油画框.tga"素材文件，将它们导入 Premiere 项目窗口中，如图4-22所示。

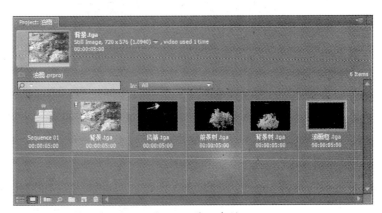

图4-22 导入素材

03 在项目窗口中选择"背景.tga"素材，将其拖动到时间线窗口中的Video轨道1上，如图4-23所示。

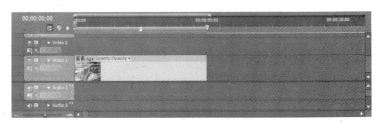

图4-23 将素材拖至时间线窗口

**04** 将项目窗口中的"前景树.tga"素材拖至时间线窗口中的Video轨道2上，如图4-24所示。

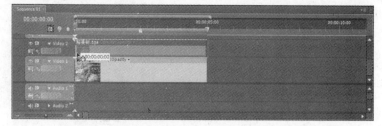

图4-24　将素材拖至时间线窗口

**05** 在【Effect Controls】对话框中执行【Motion】选项，如图4-25所示。

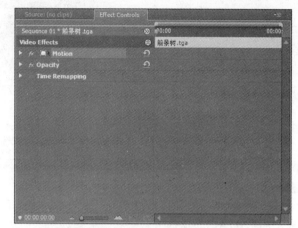

图4-25　选择【Motion】选项

**06** 此时在节目监视器窗口四周出现白色的控制框，画面中心也出现了轴心点，如图4-26所示。

图4-26　控制框和轴心点

**07** 在【Effect Controls】对话框下设置【Anchor Point】参数，可以看到"前景树"移动到了轴心点的上方，如图4-27所示。使轴心点处于"前景树"的下方是为了后面做树的摆动。

图4-27　设置参数

08 将光标放置节目监视器窗口中并向右下方拖曳，如图4-28所示。

图4-28 拖曳画面

09 将时间线窗口中时间指针放置在0帧处，在【Effect Controls】对话框下单击【Rotation】参数前面的 按钮，添加关键帧记录动画，如图4-29所示。

图4-29 记录关键帧

10 在时间线窗口中将时间指针放置于00:00:01:10处，在【Effect Controls】对话框下设置【Rotation】参数为3.0，并添加关键帧记录动画，如图4-30所示。

图4-30 设置参数

11 此时节目监视器中的"前景树"向一侧倾斜，如图4-31所示。

图4-31 观察变化

12 在时间线窗口中将时间指针放置于00:00:02:20处，在【Effect Controls】对话框下设置【Rotation】参数为－3.0，并添加关键帧记录动画，如图4-32所示。

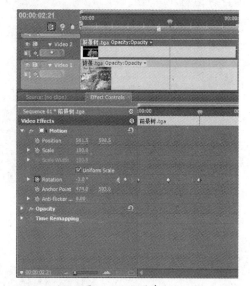

图4-32 设置参数

13 此时节目监视器中的"前景树"又偏向了右侧，如图4-33所示。

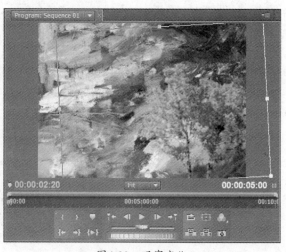

图4-33 观察变化

**14** 在时间线窗口中将时间指针放置于00:00:04:05处，在【Effect Controls】对话框下设置【Rotation】参数为0.0，并添加关键帧记录动画，摆正"前景树"，如图4-34所示。

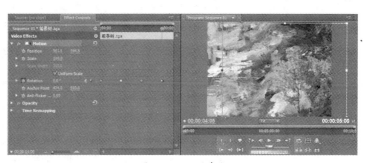

图4-34 设置参数

**15** 在项目窗口中选择"风筝.tga"素材，将其拖动到时间线窗口中的Video轨道2上，并将时间指处于第0帧处，如图4-35所示。

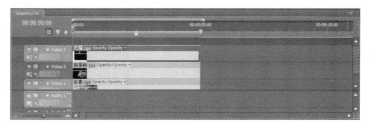

图4-35 将素材拖至时间线窗口

**16** 在【Effect Controls】对话框下单击【Motion】前的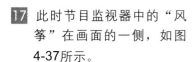按钮，再单击【Position】前的按钮，并设置参数，添加关键帧记录动画，如图4-36所示。

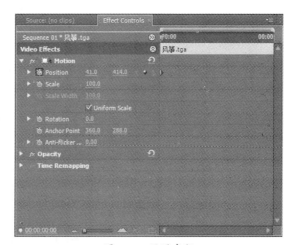

图4-36 设置参数

**17** 此时节目监视器中的"风筝"在画面的一侧，如图4-37所示。

图4-37 观察变化

18 在时间线窗口中将时间指针调整至第00:00:04:24处，在【Effect Controls】对话框下设置【Position】参数，添加关键帧并记录动画，如图4-38所示。

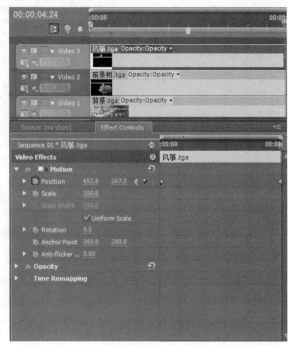

图4-38　设置参数

19 此时节目监视器中"风筝"飞出了画面，如图4-39所示。

图4-39　观察变化

20 因系统默认只提供了3个视频轨道，现在都已用完，如果再想将其他素材叠加到轨道中，可以选中任一视频轨道，单击鼠标右键，执行【Add Tracks…】命令，如图4-40所示。

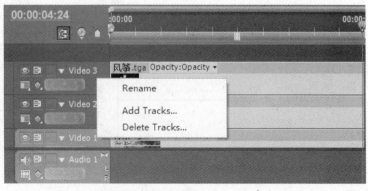

图4-40　执行【Add Tracks…】命令

**21** 此时系统弹出【Add Tracks】对话框，设置添加一个视频轨道，如图4-41所示。

图4-41 【Add Tracks】对话框

**22** 单击 OK 按钮，关闭对话框，此时时间线窗口中就出现了新的轨道，即Video4视频轨道，如图4-42所示。

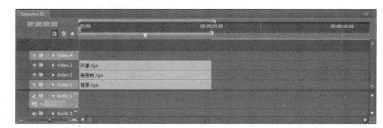

图4-42 添加轨道

**23** 在项目窗口中选择"背景树.tga"素材，将其拖动到时间线窗口Video轨道4上，并将时间指针处于第0帧处，如图4-43所示。

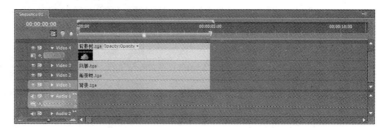

图4-43 将素材拖至时间线窗口

**24** 参照"前景树"动画的制作方法，也可结合自己的创意制作"背景树"的摇摆动画效果，参考效果如图4-44所示。

图4-44 视频效果

**25** 因为这是一幅油画，所以现在还缺少画框，除了利用前面介绍的方法添加轨道，还可以在项目窗口中选中"油画框.tga"图片素材，拖到时间线窗口"背景树"上方的空白处，如图4-45所示。

图4-45 添加轨道的方法

26 松开鼠标左键自动添加新的视频轨道Video5，如图4-46所示。

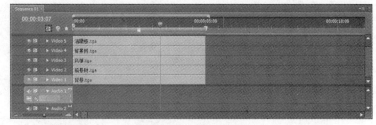

图4-46　添加轨道

27 此时再次观察节目监视器窗口，可以看到一幅美丽的油画，如图4-47所示。

图4-47　油画作品

28 按键盘上的空格键进行预览，然后保存并生成.mov格式的文件。视频截图效果如图4-48所示。

图4-48　视频截图

# 4.3 实例：蒙太奇

蒙太奇是影视剪辑的术语，简单说就是把分切的镜头组接起来的手段。将摄影机拍摄下来的镜头，按照生活逻辑、推理顺序、作者的观点倾向及其美学原则联结起来是常用的影视剪辑方法。本例通过蒙太奇剪辑实例来介绍素材在轨道中的基本操作。

**01** 双击 ⚡ 按钮，启动 Premiere Pro CS5 应用程序，建立一个新的项目文件"蒙太奇"。

**02** 执行菜单栏中【File】/【Import】命令，打开【Import】对话框，在"素材/第4课"文件夹中同时选中"熟睡.tga"、"光束.avi"和"梦境.mov"素材文件，将它们导入Premiere项目窗口中，如图4-49所示。

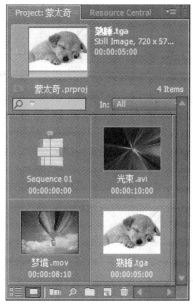

图4-49 导入素材

**03** 在项目窗口中选中"熟睡.tga"素材，将其导入到时间线窗口的Video1轨道中，如图4-50所示。

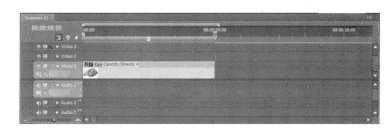

图4-50 将素材拖至时间线窗口

**04** 将光标放置于素材的末端，准备调整素材的长度，如图4-51所示。

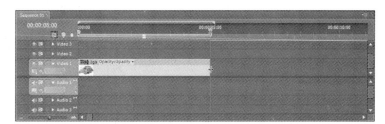

图4-51 准备调整素材长度

**05** 按住鼠标左键向左拖动鼠标，将素材总长度调整为4秒，如图4-52所示。

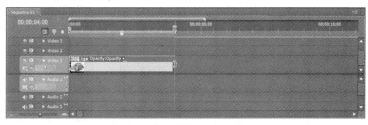

图4-52 将素材拖至时间线窗口

**06** 在项目窗口中选中"光束.avi"视频素材，将其拖到时间线窗口"熟睡"素材的后面，使其首尾对齐，如图4-53所示。

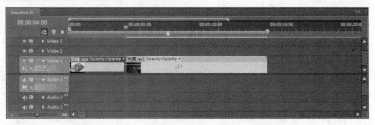

图4-53 将素材拖到时间线窗口中

**07** 在时间线窗口中选中"光束"素材，并在其上单击鼠标右键，在弹出的快捷菜单中选择【Speed/Duration…】命令，调整素材的播放速度，如图4-54所示。

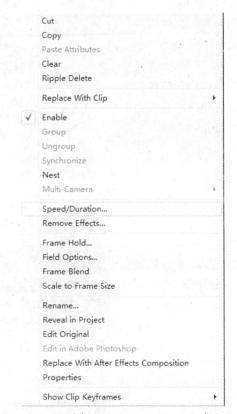

图4-54 选择【Speed/Duration…】命令

**08** 在弹出的【Clip Speed/Duration】对话框中设置【Speed】为400%，如图4-55所示。

图4-55 设置参数

**09** 单击对话框中的 OK 按钮，关闭对话框。此时时间线窗口中的"光束"素材如图4-56所示。

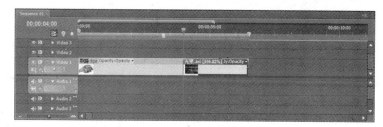

图4-56　调整后的素材

**10** 为了使素材衔接得自然，下面将在两段素材间添加过渡效果。单击软件界面左下方的【Effects】/【Video Transitions】/【Dissolve】选项，选择【Additive Dissolve】过渡效果，如图4-57所示。

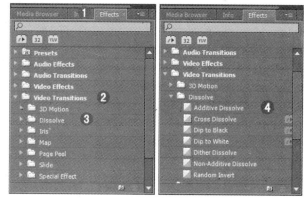

图4-57　选择过渡效果

**11** 选择【Additive Dissolve】过渡效果，按住鼠标左键不放，将其拖动至"光束"素材上，然后松开鼠标左键，如图4-58所示。

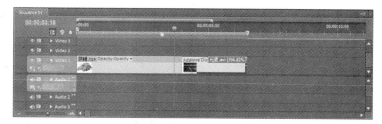

图4-58　添加过渡效果

**12** 在时间线窗中拖动时间指针，在节目监视器窗口中观察效果，可以看到狗狗开始做梦了，如图4-59所示。

图4-59　观察变化

13 将项目窗口中的"梦境.mov"素材拖到时间线窗口中,如图4-60所示。

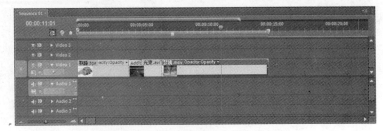

图4-60 将素材拖动到时间线窗口中

14 将"梦境"和"光束"间也添加一个特效。单击软件界面左下方的【Effects】/【Video Transitions】/【Dissolve】选项,选择【Cross Dissolve】过渡效果,如图4-61所示。

图4-61 选择过渡效果

15 选择【Cross Dissolve】过渡效果,按住鼠标左键不放,将其拖动至"光束"和"梦境"素材的衔接处,然后松开鼠标左键,如图4-62所示。

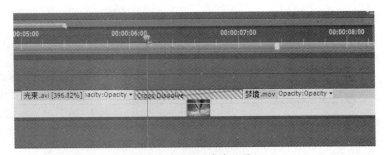

图4-62 添加过渡效果

16 在时间线窗中拖动时间指针,在节目监视器窗口中观察效果,可以看到狗狗开始做梦了,如图4-63所示。

图4-63 观察变化

**17** 按住键盘上的「Ctrl」键，在"梦境"素材的尾部添加两个关键帧，并调整帧的位置，如图4-64所示。

图4-64　调整关键帧

**18** 至此"蒙太奇"已经制作完成，保存文件。按键盘上的空格键进行预览，视频截图效果如图4-65所示。

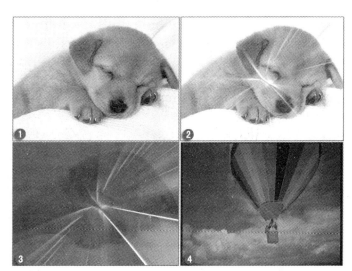

图4-65　视频截图

**19** 执行菜单栏中的【File】/【Export】/【Media】命令，在弹出的【Export Settings】对话框中设置文件格式及保存路径，如图4-66所示。

图4-66　设置参数

20 单击对话框中的 Queue 按钮，打开【Adobe Media Encoder】对话框，如图4-67所示。

图4-67 设置参数

21 单击 开始队列 按钮，开始生成视频文件，如图4-68所示。

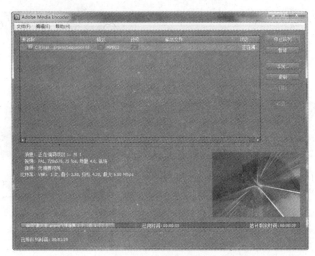

图4-68 生成文件

22 等待稍许时间，待状态栏中出现绿色对勾标识说明文件已经生成完毕，如图4-69所示。

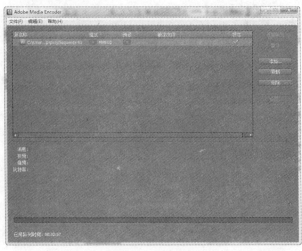

图4-69 生成完毕

# 4.4 实例：云山雾海

通过过渡效果对"海"和"云海"两幅图片进行处理，使这两幅图片有机地结合起来，达到云山雾海的效果。

**操作步骤**

01 双击 🅿️ 按钮，启动 Premiere Pro CS5 应用程序，建立一个新的项目文件"云山雾海"。

02 执行菜单栏中【File】/【Import】命令，打开【Import】对话框，在"素材/第4课"文件夹中同时选中"海.jpg"和"云海.jpg"素材文件，将它们导入Premiere项目窗口中，如图4-70所示。

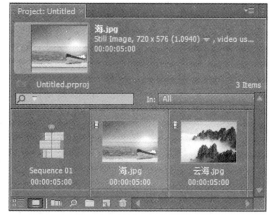

图4-70 导入素材

03 在项目窗口中选中"海.jpg"素材，将其导入到时间线窗口中的Video1轨道中，如图4-71所示。

图4-71 将素材拖至时间线窗口中

04 将项目窗口中的"云海.jpg"素材导入到时间线窗口中的Video2轨道中，如图4-72所示。

图4-72 将素材拖至时间线窗口中

71

05 将"梦境"和"光束"间也添加一个特效。单击软件界面左下方的【Effects】/【Video Transitions】/【wipe】选项，选择【Gradient wipe】特效，如图4-73所示。

图4-73 选择过渡效果

06 选择【Gradient Wipe】特效，按住鼠标左键不放，将其拖动至"云海"素材上，此时系统弹出一个对话框，如图4-74所示。

图4-74 设置参数

07 在【Gradient Wipe Settings】对话框中单击 Select Image... 按钮，在"素材/第4课"中选择"渐变.jpg"图片，单击 OK 按钮，关闭对话框。

08 此时在时间线窗口中的Video2轨道中的"云海"添加了过渡效果，如图4-75所示。

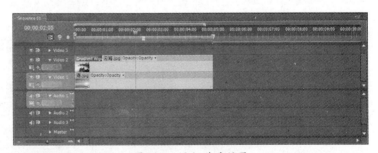

图4-75 添加过渡效果

09 此时过渡效果只是出现在素材的一小部分，将鼠标放在过渡效果上向后拖动，将过渡效果与素材长度设置为相等，如图4-76所示。

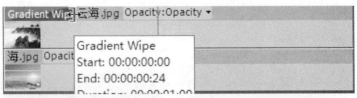

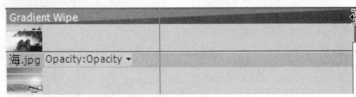

图4-76 调整过渡效果长度

10 在【Effect Controls】对话框中设置参数，如图4-77所示。

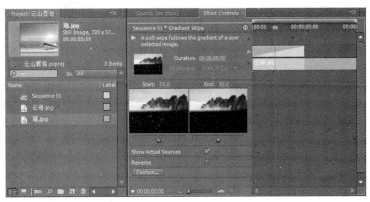

图4-77 设置参数

11 在对话框中单击 Custom... 按钮，打开【Gradient Wipe Settings】对话框，设置【Softness】柔化参数，如图4-78所示。

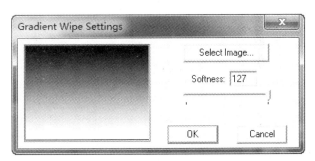

图4-78 设置参数

12 单击 OK 按钮，关闭对话框。至此"云山雾海"制作完成，保存文件。最终效果如图4-79所示。

13 利用前面介绍的方法，将此实例生成 .m2v 格式的文件。

图4-79 最终效果

## 【课后练习】访问时间标记

　　时间标记可以指示某素材的位置，为了快速地在素材上查找到所需的画面，在编辑工作中经常需要使用一些标记来方便定位和查找，这些标记在编辑中是很重要的，为此Premiere Pro单独列出了一个标记菜单。在Premiere Pro中，可以给素材和序列的时间线标尺设置标记点。

　　选择时间线窗口中的素材，并将时间线标尺移到素材上，通过移动时间线标尺找到需要设置标记点所在的位置，选择菜单"【标记】/【设定素材标记】/【未标号】/【下一个有效编号】/【其他编号】"命令，在这段素材的不同位置设置标记点。

# 第5课
# 字幕设计

在各种视频节目中，字幕是不可缺少的。作为专业制作视频节目的Premiere，也必然要包括字幕的制作和处理。这里所讲的字幕，包括文字、图形等内容。字幕虽然本身是静止的，但利用Premiere可以制作出各种各样的动画效果。

Premiere中创建的字幕是一个字幕文件。对建立的字幕文件可以进行各种处理，再添加到Premiere视频中去。Premiere中使用的字幕并不只限于在字幕窗口中产生的字幕，可以在其他的图形图像处理软件中制作字幕，并把它存储为Premiere所兼容的图像格式的文件，然后把保存的文件输入到Premiere中。如果创建或输入的是Alpha通道字幕，就可以把它添加到Premiere中的视频片段上了。

## 【本课知识】

1. 字幕的基本类型和基础创建方法
2. 字幕设置窗口的应用
3. 书法横幅的效果
4. 添加效果描边、阴影、风格
5. 创建滚屏字幕
6. 路径工具的使用

# 5.1

在影片和所有视频作品中，字幕因其高度的表现能力而区别于画面中的其他内容，同时也因为环境及视频中的内容而不同于书本上的文字。非线性编辑中最终目的是要表达声像的视听艺术，字幕文字也可以定义为视像的一部分补充出现在画面中，便于观众对相关节目信息的接收和正确理解。单从表现角度而言，字幕分为标题性字幕和说明性字幕；从字幕的呈现方式来讲，字幕分为静态字幕和动态字幕。

操 作 步 骤

01 双击 Pr 按钮，启动 Premiere Pro CS5 应用程序，建立一个新的项目文件"社会科学"。

02 执行菜单栏中【File】/【Import】命令，打开【Import】对话框，在"素材/第5课"文件夹中选中"154.avi"文件，将其导入Premiere项目窗口中，如图5-1所示。

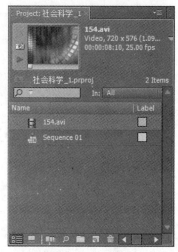

图5-1　导入素材

03 在项目窗口中选择"154.avi"素材，将其拖动到时间线窗口Video1轨道上，如图5-2所示。

图5-2　将素材拖至时间线窗口

04 执行菜单栏中【File】/【New】/【Transparent Video】命令，增添一个透明层，如图5-3所示。

图5-3　选择命令

05 在弹出的【New Transparent】对话框中单击 OK 按钮，如图5-4所示，关闭对话框。

图5-4 设置参数

06 在项目窗口中选择如图5-5所示的素材，将其拖动到时间线窗口Video2轨道上。

图5-5 将素材拖至时间线窗口

07 在时间线窗口中，调整新添加在Video2上的素材与Video1上的素材长度一致，如图5-6所示。

图5-6 调整素材长度

08 单击软件界面左下方的【Effects】/【Video Effects】/【Generate】选项，选择【Ellipse】视频特效，如图5-7所示。

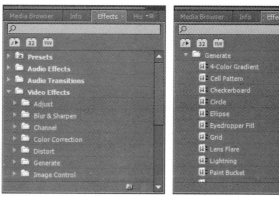

图5-7 选择过渡效果

09 将该视频特效拖至时间线窗口Video2轨道素材上，调整【Ellipse】视频特效的参数，如图5-8所示。

图5-8 设置参数

10 在时间线窗口中拖动时间指针，在监视器窗口中观察添加过渡效果后的图像，如图5-9所示。

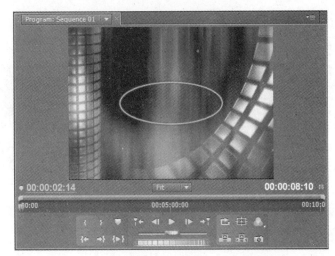

图5-9 观察效果

11 根据以前介绍的方法，在Video2素材的前端和末尾制作淡入淡出的效果，如图5-10所示。

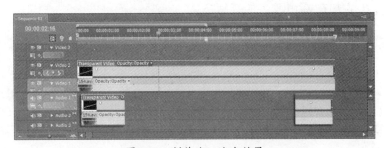

图5-10 制作淡入淡出效果

12 单击软件界面左下方的【Effects】/【Video Effects】/【Stylize】选择，选择【Alpha Glow】视频特效，如图5-11所示。

图5-11 设置参数

13 将该视频特效拖至时间线窗口 Video2 轨道素材上，调整【Alpha Glow】视频特效的参数，如图 5-12 所示。

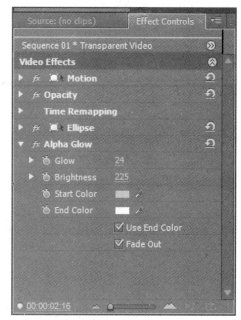

图5-12 设置参数

14 在时间线窗口中拖动时间指针，在监视器窗口中观察添加过渡效果后的图像，可以看到椭圆的四周发出了光芒，如图5-13所示。

图5-13 观察效果

15 执行菜单栏中【File】/【New】/【Title】命令，新建一个文字层，如图5-14所示。

图5-14 选择命令

16 在弹出的对话框中设置
名字为"字幕"，单击
OK 按钮，如图5-15
所示，关闭对话框。

图5-15 设置参数

17 在弹出的对话框中单击鼠
标左键，输入"社会科学"4
个字，如图5-16所示。

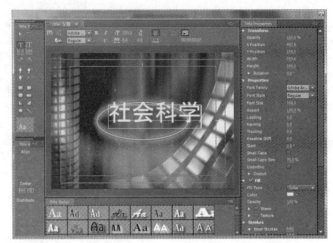

图5-16 输入文字

18 在【文字编辑框】中选择
一个文本模板，并设置文
字大小，如图5-17所示。

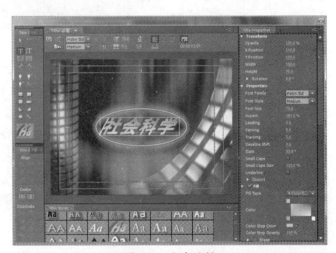

图5-17 文字编辑

19 关闭对话框并保存设置。
在项目窗口中选择"字
幕"，将其拖动到时间线
窗口Video3轨道上，并
调整素材长度与其他两段
素材长度相同，如图5-18
所示。

图5-18 将素材拖至时间线窗口

20 根据轨道2制作相同的淡入淡出效果，在项目窗口中选择"字幕"，将其拖动到时间线窗口Video3轨道上，如图5-19所示。

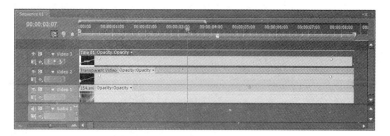

图5-19 制作淡入淡出效果

21 至此"社会科学"已经制作完成，保存文件。按键盘上的空格键进行预览，视频截图效果如图5-20所示。

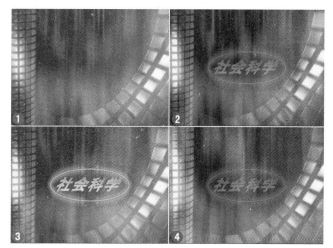

图5-20 预览画面

22 执行菜单栏中的【File】/【Export】/【Media】命令，在弹出的【Export Settings】对话框中设置文件格式及保存路径，如图5-21所示。

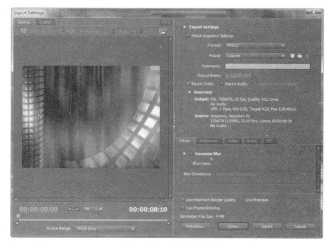

图5-21 设置参数

23 单击对话框中的 Queue 按钮，打开【Adobe Media Encoder】对话框，如图5-22所示。

图5-22　设置参数

24 单击 开始队列 按钮，开始生成视频文件，如图5-23所示。

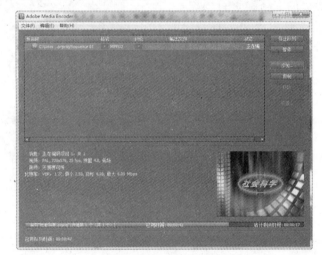

图5-23　生成文件

25 等待稍许时间，待状态栏中出现绿色对勾标识说明文件已经生成完毕，如图5-24所示。

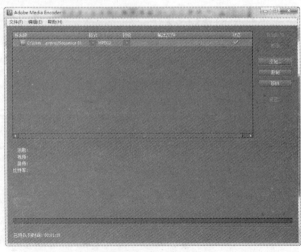

图5-24　生成完毕

# 5.2 实例：千里之行

单击菜单栏中的命令可以打开字幕窗口。字幕窗口左边的工具栏是
Premiere 为了方便用户快捷使用字幕的各种工具而定义的，包含了选择工具、字体工具和各种线
型工具等。

**操作步骤**

01 双击 ⏯ 按钮，启动 Premiere Pro CS5 应用程序，建立一个新的项目文件"千里之行"。

02 执行菜单栏中【File】/【Import】命令，打开【Import】对话框，在"素材/第5课"文件夹中选中"千里之行.tga"文件，将其导入Premiere项目窗口中，如图5-25所示。

图5-25 导入素材

03 在项目窗口中选择"千里之行.tga"素材，将其拖动到时间线窗口中的Video1轨道上，如图5-26所示。

图5-26 将素材拖至时间线窗口

04 执行菜单栏中【File】/【New】/【Title】命令，新建一个文字层。在弹出的对话框中设置名字为"字幕"，单击 OK 按钮，如图5-27所示，关闭对话框。

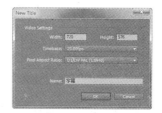

图5-27 设置参数

**05** 在弹出的【文字编辑框】中单击字幕窗口左边工具栏中的 T 按钮，在图5-28所示的位置单击鼠标左键确定输入文字的位置。

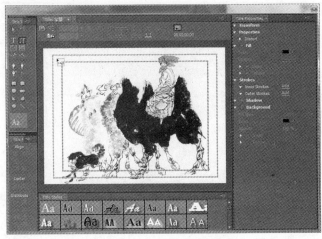

图5-28　文字编辑框

**06** 在指定位置输入"千里之行"文字，所输入的文字要在图5-29所示红色外层边框内，这样才能确保在输出成品后，该文字不会丢失。

图5-29　文字编辑框

**07** 在【文字编辑框】中选择文字的字体和大小，如图5-30所示。

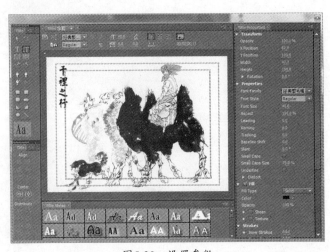

图5-30　设置参数

**08** 关闭对话框并保存设置。在项目窗口中选择"字幕"，将其拖动到时间线窗口中的Video2轨道上，并调整其长度与素材长度相同，如图5-31所示。

图5-31　将素材拖至时间线窗口

**09** 在【Effect Controls】面板中通过设置"Opacity"参数来实现淡入淡出效果，分别在第0帧和最后一帧设置"Opacity"为0.0，在第00:00:00:02帧和第00:00:04:12帧设置"Opacity"为100.0，如图5-32所示。

**10** 至此"千里之行"已经制作完成，保存文件。在时间线窗口中拖动时间指针，在监视器窗口中预览画面，如图5-33所示。

**11** 执行菜单栏中的【File】/【Export】/【Media】命令，在弹出的【Export Settings】对话框中设置文件输出格式为.m2v。

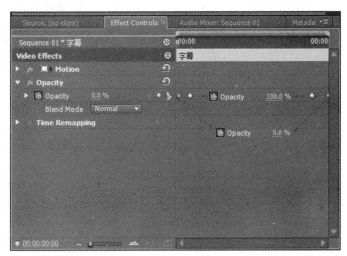

图5-32　设置参数

图5-33　预览画面

# 5.3 实例：天道酬勤（书法横幅的效果）

在默认情况下，文字和图形对象按照创建的顺序在字幕窗口中从上到下依次排列。字幕窗口中包含有进行文字和图形对象排列的选项。

操 作 步 骤

01 双击 ▣ 按钮，启动 Premiere Pro CS5 应用程序，建立一个新的项目文件"天道酬勤"。

02 执行菜单栏中【File】/【Import】命令，打开【Import】对话框，在"素材/第5课"文件夹中选中"019.avi"文件，将其导入Premiere项目窗口中，如图5-34所示。

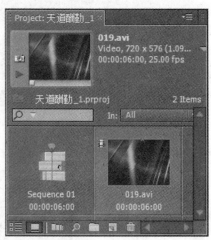

图5-34 导入素材

03 在项目窗口中选择"019.avi"素材，将其拖动到时间线窗口中的Video1轨道上，如图5-35所示。

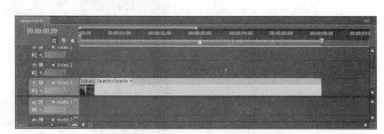

图5-35 将素材拖至时间线窗口

04 在"素材/第5课"文件夹中选中"天道酬勤.tga"文件，将其导入Premiere项目窗口中，如图5-36所示。

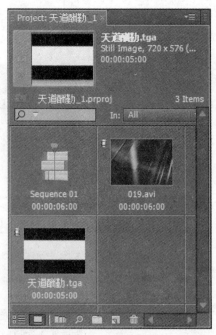

图5-36 导入素材

**05** 在项目窗口中选择"天道酬勤.tga"素材,将其拖动到时间线窗口中的Video2轨道上,如图5-37所示。

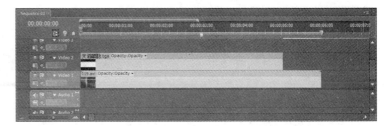

图5-37 将素材拖至时间线窗口

**06** 在时间线窗口中调整Video2轨道上素材的长度,使其与Video1轨道的素材长度一致,如图5-38所示。

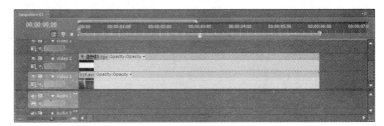

图5-38 调整素材长度

**07** 执行菜单栏中【File】/【New】/【Title】命令,新建一个文字层。在弹出的对话框中设置名字为"文字",单击 OK 按钮,关闭对话框。

**08** 在弹出的【文字编辑框】中单击字幕窗口左边工具栏中的IT按钮,在图5-39所示的位置单击鼠标左键,确定输入文字的位置。

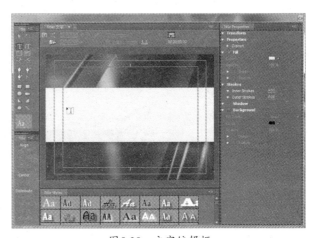

图5-39 文字编辑框

**09** 在指定位置输入"天道酬勤"文字,并设置字体、大小及颜色等文字格式,如图5-40所示。关闭对话框并保存设置。在项目窗口中选择"文字",将其拖动到时间线窗口中的Video3轨道上。

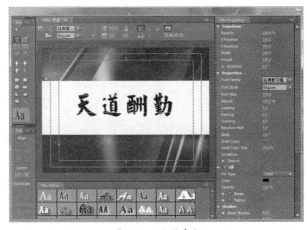

图5-40 设置参数

10 执行菜单中【File】/
【New】/【Title】命令，
新建一个文字层。在弹出
的对话框中设置名字为
"印章"，单击 OK
按钮，关闭对话框。

11 在弹出的【文字编辑框】
中单击字幕窗口左边工具
栏中的■按钮，在图5-41
所示的位置单击鼠标左键
确定印章底。

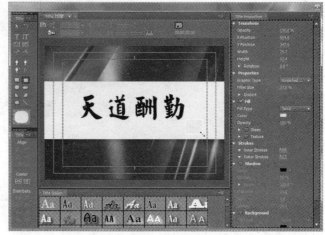

图5-41　设置参数

12 在【文字编辑】对话框的
右侧调整印章的颜色和位
置，如图5-42所示。

图5-42　设置颜色并指定位置

13 根据前面介绍的方法，选
择"文字"工具在印章内
输入"火"字，并设置相
关参数，如图5-43所示。
关闭对话框并保存设置。

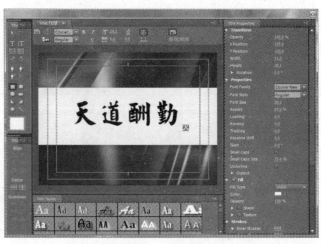

图5-43　设置参数

图5-44 预览画面

14 在项目窗口中选择"印章"素材，将其拖动到时间线窗口Video4轨道上。至此"天道酬勤"制作完成，保存文件。在时间线窗口中拖动时间指针，在监视器窗口中预览画面，效果如图5-44所示。

15 执行菜单栏中的【File】/【Export】/【Media】命令，在弹出的【Export Settings】对话框中设置文件输出格式为.m2v。

# 5.4 实例：鎏金字（添加效果描边、阴影、风格）

操作步骤

01 双击 ■ 按钮，启动Premiere Pro CS5应用程序，建立一个新的项目文件"鎏金字"。

02 执行菜单栏中【File】/【Import】命令，打开【Import】对话框，在"素材/第5课"文件夹中选中"背景.tga"文件，将其导入Premiere项目窗口中。

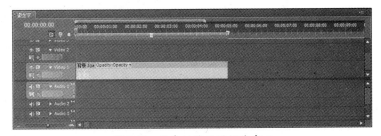

图5-45 将素材拖至时间线窗口

03 在项目窗口中选择"背景.tga"素材，将其拖动到时间线窗口中的Video1轨道上，如图5-45所示。

04 执行菜单栏中【File】/【New】/【Title】命令，新建一个文字层。在弹出的对话框中设置名字为"鎏金字"，单击 OK 按钮，并关闭对话框。

05 在弹出的【文字编辑框】中单击字幕窗口左边工具栏中的 T 按钮，在图5-46所示的位置单击鼠标左键，确定输入文字的位置。

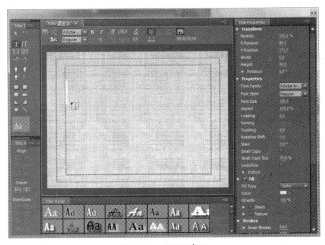

图5-46 设置参数

**06** 在指定位置输入"鎏金字"文字，并设置字体、大小及颜色等文字格式，如图5-47所示。关闭对话框并保存设置。

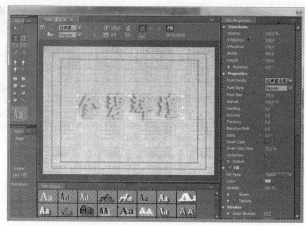

图5-47 设置参数

**07** 在【文字编辑框】中设置【Strokes】描边的参数，并选中【Shadow】阴影复选项，如图5-48所示。设置结束后关闭对话框并保存设置。

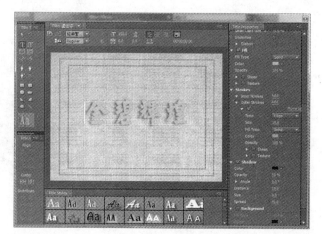

图5-48 设置参数

**08** 在项目窗口中选中"鎏金字"，将其拖动到时间线窗口的Video2轨道上。单击软件界面左下方的【Effects】/【Video Effects】/【Perspective】选项，选择【Bevel Alpha】视频特效，如图5-49所示。

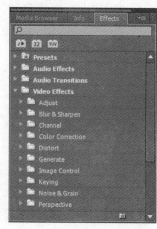

图5-49 设置参数

09 将该视频特效拖至时间线窗口Video2轨道"鎏金字"素材上。调整【Bevel Alpha】视频特效的参数,如图5-50所示。

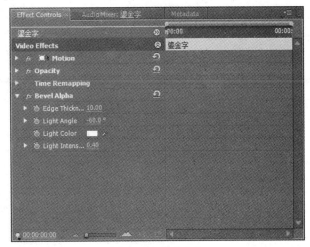

图5-50 设置参数

10 再次单击软件界面左下方的【Effects】/【Video Effects】/【Adjust】选项,选择【Lighting Effects】视频特效,如图5-51所示。

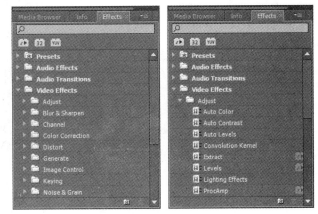

图5-51 设置参数

11 将该视频特效也拖至时间线窗口 "鎏金字"素材上。调整【Lighting Effects】/【Light1】选项下的参数,设置灯光的位置、颜色和亮度,如图5-52所示。

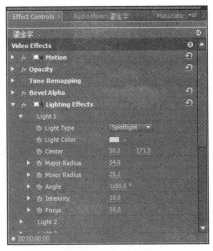

图5-52 设置参数

12 调整灯光的中心点，除了可以通过上面所讲的利用参数调整，也可以将光标放置在画面中，待出现图5-53所示的标志时按下鼠标左键进行调整。

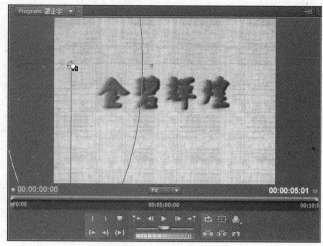

图5-53　调整中心点

13 在画面中拖曳鼠标放置在需要放置的位置上，此时松开鼠标左键便可以确定中心点。

14 在【Effect Controls】面板中激活"Angle"前面的 按钮记录关键帧，在第0帧和最后一帧设置旋转的参数，如图5-54所示。

图5-54　设置参数

15 在时间线窗口中拖动时间指针，在监视器窗口中观察画面效果，如图5-55所示。

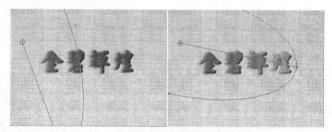

图5-55　画面效果

16 由于亮度足够，所要实现的效果没有被充分表现出来，所以还需要给画面添加第二盏灯。

17 在【Lighting Effects】/【Light2】选项下设置灯光参数，参数如图5-56所示。

图5-56　设置参数

18 此时再次在时间线窗口中拖动时间指针，在监视器窗口中观察画面效果，如图5-57所示。

图5-57 画面效果

19 至此"千里之行"已经制作完成，保存文件。执行菜单栏中的【File】/【Export】/【Media】命令，在弹出的【Export Settings】对话框中设置文件输出格式为.m2v。

# 5.5 实例：歌词播放（创建滚屏字幕）

**操作步骤**

01 双击 Pr 按钮，启动 Premiere Pro CS5 应用程序，建立一个新的项目文件"歌词播放"。

02 执行菜单栏中【File】/【Import】命令，打开【Import】对话框，在"素材/第5课"文件夹中选中"美图.tga"文件，将其导入Premiere项目窗口中。

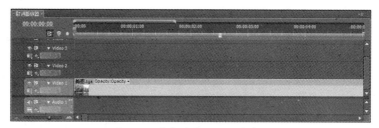

图5-58 将素材拖至时间线窗口

03 在项目窗口中选择"美图.tga"素材，将其拖动到时间线窗口Video1轨道上，如图5-58所示。

04 在"素材/第5课"文件夹中选中"018.avi"文件，将其导入Premiere项目窗口中，并将其从项目窗口中拖动到时间线窗口Video2轨道上，调整其长度与"美图.tga"长度一致，如图5-59所示。

图5-59 将素材拖至时间线窗口

05 导入素材后，此时监视器窗口中的素材，如图5-60所示。

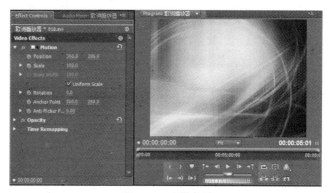

图5-60 观察素材

06 在【Effect Controls】对话框中设置【Motion】/【Position】选项的参数,通过调整参数,使画面调整至画面的下方,如图5-61所示。

图5-61 设置参数

07 利用相同的方法将"素材/第6课"文件夹中选中的"歌词提示器.tga"文件,导入Premiere项目窗口中,并将其从项目窗口中拖动到时间线窗口Video4轨道上,调整其长度与其他素材长度一致,如图5-62所示。

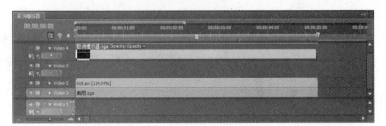

图5-62 将素材拖至时间线窗口

08 导入"歌词提示器.tga"素材后,此时监视器窗口中的素材,如图5-63所示。

图5-63 监视器窗口

09 执行菜单栏中【File】/【New】/【Title】命令,新建一个文字层。在弹出的对话框中设置名字为"歌词",单击 OK 按钮,关闭对话框。

10 在弹出的【文字编辑框】中单击字幕窗口左边工具栏中的T按钮,在图5-64所示的位置单击鼠标左键,确定输入文字的位置。

图5-64 【文字编辑】对话框

**11** 在对话框中输入"多雨的冬节总算过去，天空微露出淡蓝色的晴"文字，并设置字体、大小、颜色及描边等文字格式，如图5-65所示。

图5-65 设置参数

**12** 在【文字编辑框】中单击工具栏中的 按钮，将输入的文字移动至图5-66所示的位置。

图5-66 调整文字位置

**13** 在【文字编辑框】中单击 按钮，在弹出【Roll/Crawl Options】对话框中，设置文字运动方式，如图5-67所示的位置。

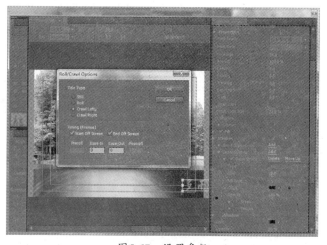

图5-67 设置参数

14 单击 OK 按钮，关闭对话框，并将【文字编辑】对话框关闭。在项目窗口中选择"歌词"，将其拖动到时间线窗口Video3轨道上，如图5-68所示。

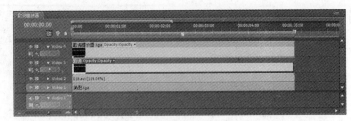

图5-68 将素材拖至时间线窗口

15 导入"歌词"素材后，此时监视器窗口中的画面，如图5-69所示。

16 在时间线窗口中拖动时间指针，在监视器窗口中观察画面效果，如图5-70所示。

图5-69 监视器窗口

17 至此"歌词播放"已经制作完成，保存文件。执行菜单栏中的【File】/【Export】/【Media】命令，在弹出的【Export Settings】对话框中设置文件输出格式为.m2v。

图5-70 预览画面

# 5.6 实例：流线字（路径工具的使用）

操 作 步 骤

01 双击 Pr 按钮，启动Premiere Pro CS5应用程序，建立一个新的项目文件"流线字"。

02 执行菜单栏中【File】/【Import】命令，打开【Import】对话框，在"素材/第5课"文件夹中选中"流线字背景.tga"文件，将其导入Premiere项目窗口中。

**03** 在项目窗口中选择"流线字背景.tga"素材，将其拖动到时间线窗口中的Video1轨道上，如图5-71所示。

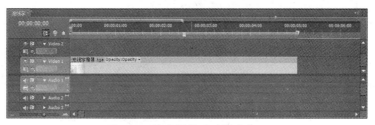

图5-71　将素材拖至时间线窗口

**04** 执行菜单栏中【Title】/【New Title】/【Default Still】命令，新建静态字幕，如图5-72所示。

图5-72　选择命令

**05** 单击 OK 按钮，关闭对话框。在弹出的【文字编辑框】中单击 按钮，在画面中单击鼠标左键确定第一个点，如图5-73所示。

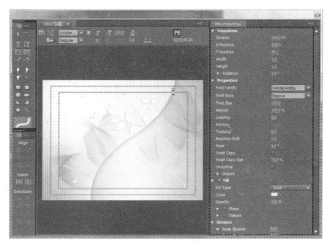

图5-73　确定点

**06** 松开鼠标左键，向下沿背景图片再次按下鼠标左键添加一个点，此时不要松开鼠标左键，左右拖动鼠标可以创建出与背景图片曲线相符的图形，如图5-74所示。

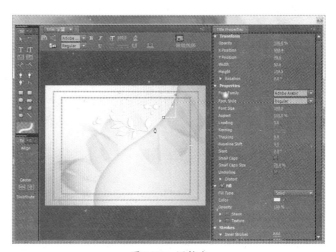

图5-74　调整点

07 继续沿背景图片上的曲线，创建出与背景图片曲线相符的图形，如图5-75所示。

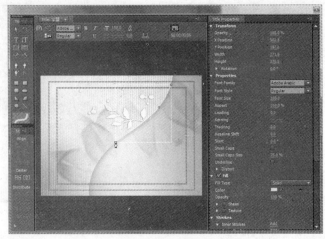

图5-75 调整点

08 继续沿背景图片上的曲线，创建的点越多，绘制出的曲线就越贴近背景图片，如图5-76所示。

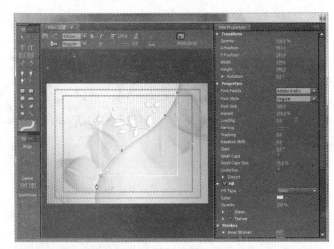

图5-76 调整点

09 为了方便读者观察，下图是放大以后的效果，如图5-77所示。

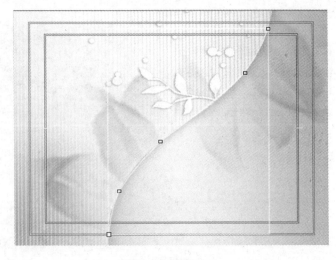

图5-77 放大显示

**10** 在弹出的【文字编辑框】中单击 ✐ 按钮，在画面中将鼠标移至第一个点处，待出现图5-78所示文字输入的符号时，单击鼠标左键确定输入文字的位置。

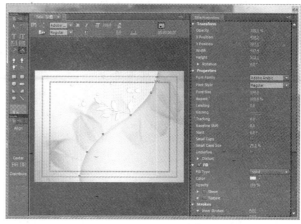

图5-78 确定输入位置

**11** 在【文字编辑框】中选择一个字体、颜色等文字格式，如图5-79所示。

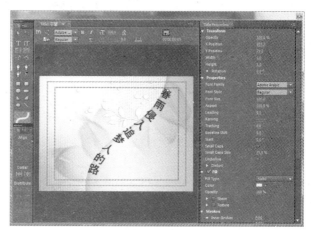

图5-79 设置字体格式

**12** 关闭对话框并保存设置。在项目窗口中选择"字幕"素材，将其拖动到时间线窗口Video2轨道上，如图5-80所示。

**13** 在【Effect Controls】面板中通过设置"Opacity"选项来实现淡入淡出效果，分别在第0帧和最后一帧设置"Opacity"选项为0.0，在第00:00:00:02帧和第00:00:04:12帧设置"Opacity"选项为100.0，如图5-81所示。

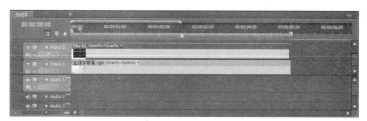

图5-80 将素材拖至时间线窗口

图5-81 设置参数

14 至此"流线字"已经制作完成，保存文件。在时间线窗口中拖动时间指针，在监视器窗口中预览画面，如图5-82所示。

15 执行菜单栏中的【File】/【Export】/【Media】命令，在弹出的【Export Settings】对话框中设置文件输出格式为.m2v。

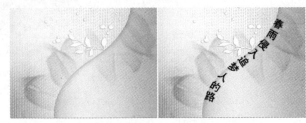

图5-82　预览画面

## 【课后练习】千山万水

　　结合本课所讲内容，制作一个MV字母效果，包括片头字幕和歌词字幕。其中片头字幕类似于前面介绍的各种静态字幕和特效字幕。歌词字幕则类似于歌词播放器中的字幕。

# 第6课
# 运动设置

在Premiere中可以实现画面元素的运动设置，例如画面元素的移动、旋转和缩放等等。使用运动设置可以丰富画面内容，实现特定的视觉要求。Premiere中的运动设置主要通过特效控制窗口中的相关参数来实现的，当然要想制作出画面元素的运动效果离不开关键帧的设置。

## 【本课知识】

1. 特效控制窗口的基本应用
2. 位移动画
3. 缩放动画
4. 旋转动画
5. 不透明度动画
6. 素材的时间控制

# 6.1

操 作 步 骤

01 双击 按钮，启动 Premiere Pro CS5应用程序，建立一个新的项目文件"鱼戏荷叶"。

02 执行菜单栏中【File】/【Import】命令，打开【Import】对话框，在"素材/第6课"文件夹中选中"水面.tga"件，将其导入Premiere项目窗口中。双击该素材，在节目窗口中出现导入的素材，如图6-1所示。

图6-1　导入素材

03 在项目窗口中选择"水面.tga"素材，将其拖动到时间线窗口Video1轨道上，如图6-2所示。

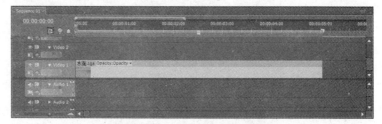

图6-2　将素材拖至时间线窗口

04 执行菜单栏中【File】/【Import】命令，打开【Import】对话框，在"素材/第6课"文件夹中选中"金鱼.tga"文件，其导入Premiere项目窗口中，如图6-3所示。

图6-3　导入素材

05 在项目窗口中选择"金鱼.tga"素材，将其拖动到时间线窗口中的Video2轨道上，如图6-4所示。

图6-4　将素材拖至时间线窗口

**06** 在监视器窗口中可以看到导入的素材"金鱼"充满了整个图像，如图6-5所示。

图6-5　监视器中的图像

**07** 在【Effect Controls】面板中设置"Scale"为25.0；"Rotation"为-25.7，如图6-6所示。

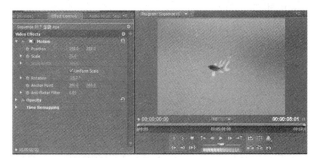

图6-6　设置参数

**08** 在【Effect Controls】面板中激活"Position"前面的 按钮记录关键帧，在第0帧和最后一帧设置参数，如图6-7所示。

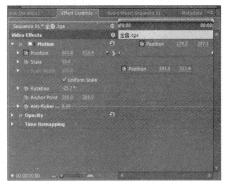

图6-7　设置参数

**09** 单击软件界面左下方的【Effects】/【Video Effects】/【Distort】选择，选择【Wave Warp】"波纹视频"特效，如图6-8所示。

图6-8　设置参数

**10** 将该视频特效拖至时间线窗口Video2轨道上的"金鱼.tga"素材上。在【Effect Controls】面板中调整【Wave Height】特效的参数，如图6-9所示。

图6-9　设置参数

**11** 在时间线窗口中拖动时间指针，在监视器窗口中的图像如图6-10所示，水中的鱼添加了波纹效果。

添加特效前　　　　　添加特效后

图6-10　预览效果

**12** 在项目窗口中再次选择"金鱼.tga"素材，将其拖动到时间线窗口Video3轨道上，如图6-11所示。重复导入金鱼，为的是在画面中出现两条金鱼。

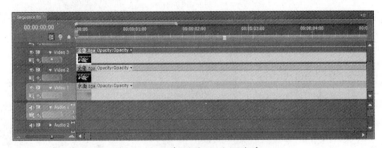

图6-11　将素材拖至时间线窗口

**13** 在【Effect Controls】面板中设置"Scale"为25.0；"Rotation"为-36.5，如图6-12所示。

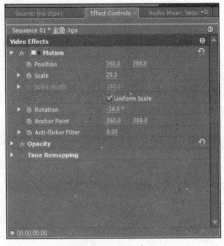

图6-12　设置参数

14 在【Effect Controls】面板中激活"Position"前面的 ⊙按钮记录关键帧，在第0帧和最后一帧设置参数，如图6-13所示。

图6-13 设置参数

15 单击软件界面左下方的【Effects】/【Video Effects】/【Distort】选项，选择【Wave Warp】"波纹视频"特效，并在【Effect Controls】面板中设置特效参数，如图6-14所示。

图6-14 设置参数

16 在时间线窗口中拖动时间指针，在监视器窗口中的图像如图6-15所示，水中有两条鱼在游动。

17 执行菜单栏中【File】/【Import】命令，打开【Import】对话框，在"素材/第6课"文件夹中选中"荷叶.tga"文件，将其导入Premiere项目窗口中。

18 在项目窗口中选择"荷叶.tga"素材，将其拖动到时间线窗口中的Video4轨道上，如图6-16所示。

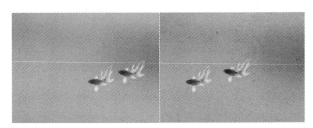

图6-15 预览效果

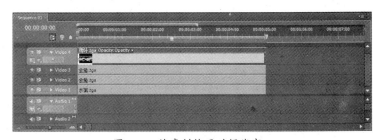

图6-16 将素材拖至时间线窗口

**19** 在【Effects】/【Video Effects】/【Distort】选项中，选择【Wave Warp】"波纹视频"特效，并设置与"金鱼"相同的参数，如图6-17所示。

图6-17　设置参数

**20** 在时间线窗口中拖动时间指针，在监视器窗口中观察添加荷叶后的效果，如图6-18所示。

图6-18　添加荷叶后的效果

**21** 至此"鱼戏荷叶"已经制作完成，保存文件。按键盘上的空格键进行预览，视频截图效果如图6-19所示。

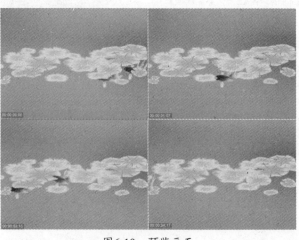

图6-19　预览画面

22 执行菜单栏中的【File】
　　/【Export】/【Media】
　　命令，在弹出的【Export
　　Settings】对话框中设置文
　　件格式及保存路径，如图
　　6-20所示。

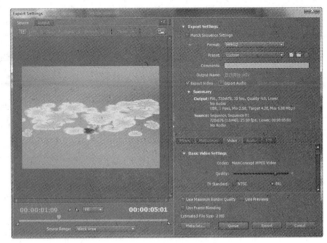

图6-20　设置参数

23 单击对话框中的 Queue
　　按钮，打开【Adobe
　　Media Encoder】对话
　　框，如图6-21所示。

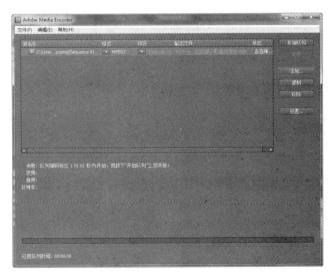

图6-21　设置参数

24 单击 开始队列 按钮，开始
　　生成视频文件，如图6-22
　　所示。

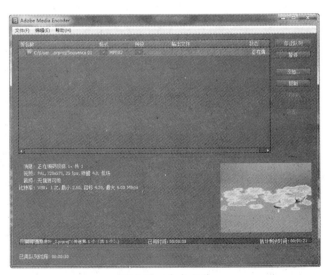

图6-22　生成文件

25 等待稍许时间，待状态栏中出现绿色对勾标识说明文件已经生成完毕，如图6-23所示。

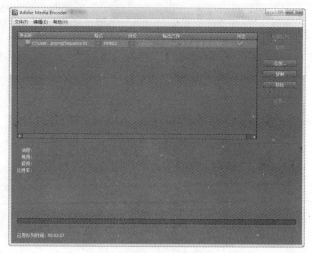

图6-23 生成完毕

# 6.2 实例：运动的鼠标（位移动画）

操 作 步 骤

01 双击 按钮，启动 Premiere Pro CS5应用程序，建立一个新的项目文件"运动的鼠标"。

02 执行菜单栏中【File】/【Import】命令，打开【Import】对话框，在"素材/第6课"文件夹中选中"计算机.tga"文件，将其导入Premiere项目窗口中。双击该素材，节目窗口中出现导入的素材，如图6-24所示。

图6-24 导入素材

03 在项目窗口中选择"计算机.tga"素材，将其拖动到时间线窗口中的Video1轨道上，如图6-25所示。

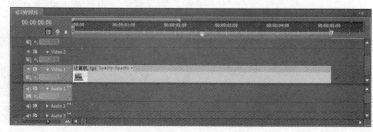

图6-25 将素材拖至时间线窗口

**04** 执行菜单栏中【File】/【Import】命令，打开【Import】对话框，在"素材/第6课"文件夹中选中"鼠标.tga"文件，将其导入Premiere项目窗口中。双击该素材，节目窗口中出现导入的素材，如图6-26所示。

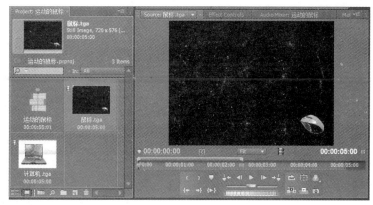

图6-26 导入素材

**05** 在项目窗口中选择"鼠标.tga"素材，将其拖动到时间线窗口中的Video2轨道上，如图6-27所示。

图6-27 将素材拖至时间线窗口

**06** 在时间线窗口中将时间指针放置在第5帧处，设置鼠标的运动，在【Effect Controls】面板中调整"Position"参数，并单击 按钮记录关键帧，如图6-28所示。

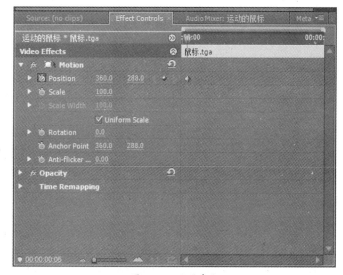

图6-28 设置参数

**07** 在时间线窗口中将时间线调至00:00:01:00处，如图6-29所示。

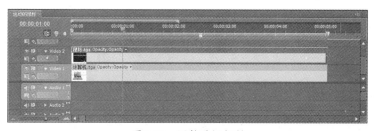

图6-29 调整时间指针

08 在【Effect Controls】面板
中设置 "Position" 参数，
如图6-30所示。

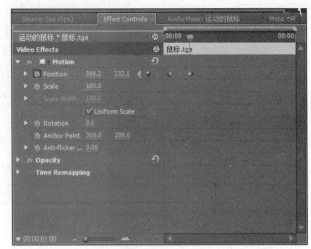

图6-30 设置参数

09 在时间线窗口中将时间线
调至00:00:02:00处，如图
6-31所示。

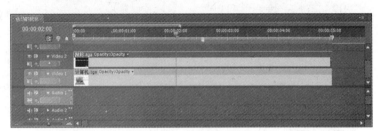

图6-31 调整时间指针

10 在【Effect Controls】面板
中设置 "Position" 参数，
如图6-32所示。

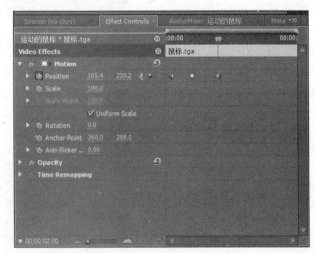

图6-32 设置参数

11 在时间线窗口中将时间线
调至00:00:03:00处，如图
6-33所示。

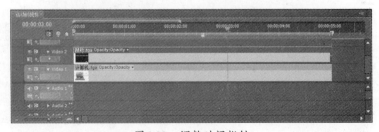

图6-33 调整时间指针

12 在【Effect Controls】面板
中设置"Position"参数，
如图6-34所示。

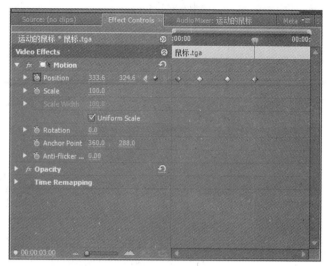

图6-34 设置参数

13 在时间线窗口中将时间线
调至00:00:04:00处，如图
6-35所示。

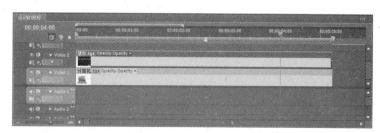

图6-35 调整时间指针

14 在【Effect Controls】面板
中设置"Position"参数，
如图6-36所示。

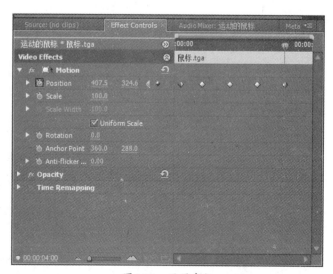

图6-36 设置参数

15 在时间线窗口中拖动鼠标，在监视器窗口中观察效果，如图6-37所示。

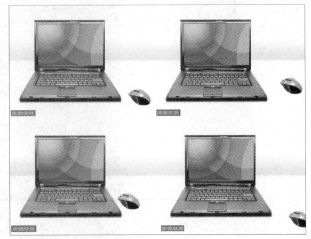

图6-37　预览画面

16 在"素材/第6课"文件夹中选中"光标.tga"文件，将其导入Premiere项目窗口中。并将其从项目窗口中拖动到时间线窗口中的Video3轨道上，如图6-38所示。

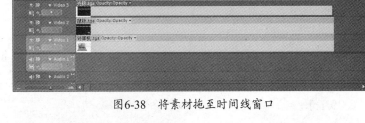

图6-38　将素材拖至时间线窗口

17 在时间线窗口中选中Video2轨道上的素材，将时间指针放置于第5帧处，如图6-39所示。

图6-39　指定时间指针

18 在【Effect Controls】面板中框选"Position"后的关键帧，如图6-40所示。

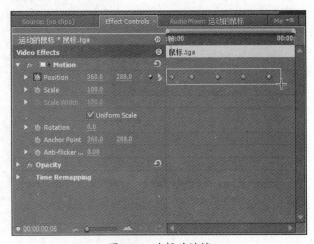

图6-40　选择关键帧

19 按键盘上的「Ctrl+C」快捷键，复制关键帧。在时间线窗口中选中Video3轨道中的素材。在【Effect Controls】面板中框选中"Motion"选项，如图6-41所示。

图6-41　设置参数

20 按键盘上的「Ctrl+V」快捷键，粘贴关键帧，如图6-42所示。

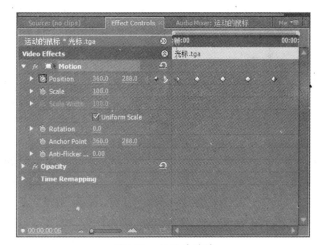

图6-42　粘贴关键帧

21 至此"运动的鼠标"已经制作完成，保存文件。在时间线窗口中拖动时间指针，在监视器窗口中预览画面，如图6-43所示。

22 执行菜单栏中的【File】/【Export】/【Media】命令，在弹出的【Export Settings】对话框中设置文件输出格式为.m2v。

图6-43　预览画面

# 6.3 实例：闪烁的星星（缩放动画）

**01** 双击 Pr 按钮，启动 Premiere Pro CS5 应用程序，建立一个新的项目文件"闪烁的星星"。

**02** 执行菜单栏中【File】/【Import】命令，打开【Import】对话框，在"素材/第6课"文件夹中选中"45.tga"文件，将其导入Premiere项目窗口中，双击该素材，在节目窗口中出现导入的素材，如图6-44所示。

图6-44 导入素材

**03** 在项目窗口中选择"夜空.tga"素材，将其拖动到时间线窗口Video1轨道上，如图6-45所示。

图6-45 将素材拖至时间线窗口

**04** 在"素材/第6课"文件夹中选中"星星.tga"文件，将其导入Premiere项目窗口中。并将其从项目窗口中拖动到时间线窗口中的Video2轨道上，如图6-46所示。

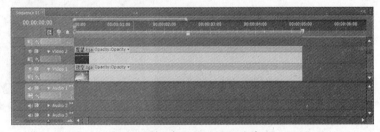

图6-46 将素材拖至时间线窗口

**05** 在时间线窗口中将时间指针放置在第0帧处。在【Effect Controls】面板中调整"motion"下"Position"参数以设置素材位置，如图6-47所示。

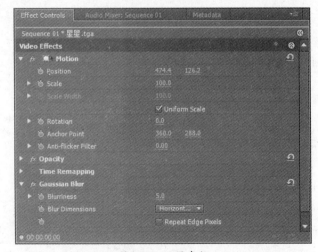

图6-47 设置参数

06 确认时间指针放置在第0帧处，设置星星的闪烁。在【Effect Controls】面板中设置"motion"下"Scale"参数为100.0，并单击"Scale"前的 按钮记录关键帧，如图6-48所示。

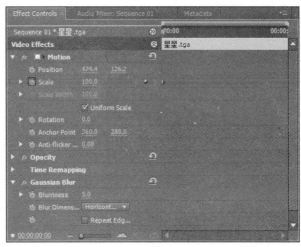

图6-48 设置参数

07 在时间线窗口中将时间指针调整至第10帧。在【Effect Controls】面板中设置"motion"下"Scale"参数为50.0，添加一个关键帧，如图6-49所示。

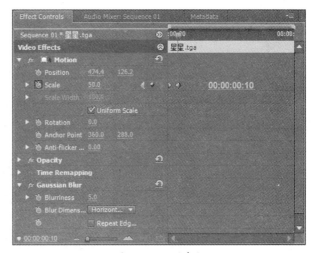

图6-49 设置参数

08 继续设置关键帧，在时间线窗口中将时间指针调整至第20帧。在【Effect Controls】面板中设置"motion"下"Scale"参数为100.0添加一个关键帧，如图6-50所示。

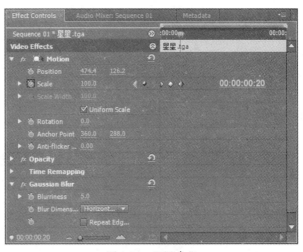

图6-50 设置参数

09 星星的闪烁是循环的，因此在【Effect Controls】面板中选中第10帧和第20帧创建的关键帧，如图6-51所示。

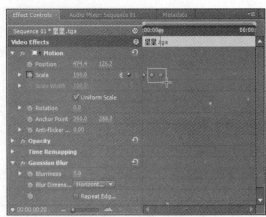

图6-51　选中关键帧

10 按键盘上的「Ctrl+C」快捷键，复制关键帧。在时间线窗口中将时间指针调整到00:00:01:05处，如图6-52所示。

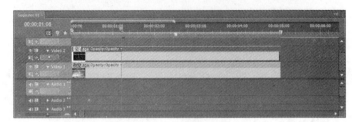

图6-52　调整时间指针

11 激活【Effect Controls】面板中，此时面板周围呈黄色显示，按键盘上的「Ctrl+V」快捷键，粘贴关键帧，如图6-53所示。

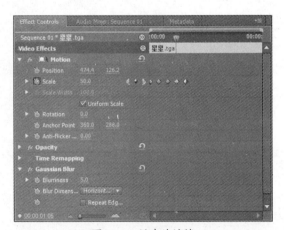

图6-53　创建关键帧

12 在【Effect Controls】面板中选中图6-54所示的关键帧，继续创建新关键帧。

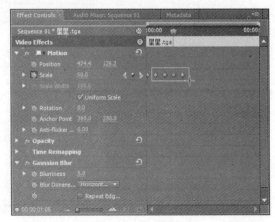

图6-54　选中关键帧

13 按键盘上的「Ctrl+C」快捷键，复制关键帧。在时间线窗口中将时间指针调整到00:00:02:00处，如图6-55所示。

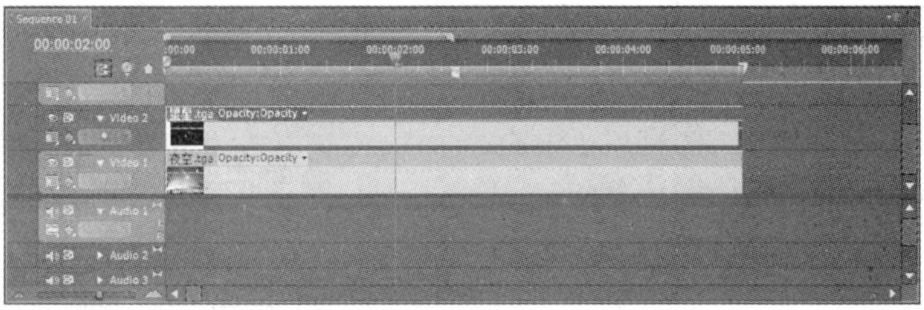

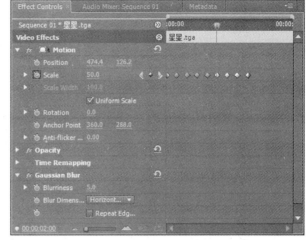

图6-55　调整时间指针

14 激活【Effect Controls】面板，按键盘上的「Ctrl+V」快捷键，粘贴关键帧，如图6-56所示。

图6-56　创建关键帧

15 在【Effect Controls】面板中选中刚刚创建的4个新关键帧，如图6-57所示。

图6-57　选中关键帧

16 按键盘上的「Ctrl+C」快捷键，复制关键帧。在时间线窗口中，将时间指针调整到00:00:03:15处，如图6-58所示。

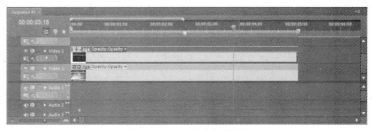

图6-58　调整时间指针

17 激活【Effect Controls】面板，按键盘上的「Ctrl+V」快捷键，粘贴关键帧，如图6-59所示。

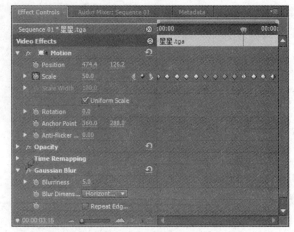

图6-59　创建关键帧

18 在时间线窗口中拖动时间指针，在监视器窗口中观察星星的闪烁效果，如图6-60所示。

图6-60　预览画面

19 在"素材／第6课"文件夹中选中"星星2.tga"文件，将其导入Premiere项目窗口中。并将其从项目窗口中拖动到时间线窗口中的Video3轨道上，如图6-61所示。

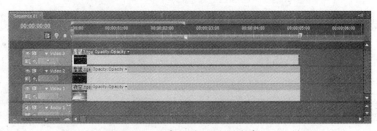

图6-61　将素材拖至时间线窗口

20 在时间线窗口中将时间指针放置在第0帧处。在【Effect Controls】面板中设置"motion"下"Position"参数以调整位置，如图6-62所示。

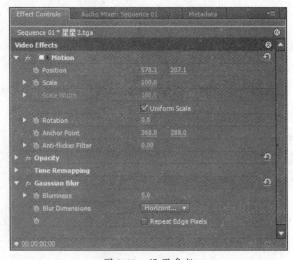

图6-62　设置参数

21 确认时间指针放置在第0帧处，设置"星星2"的闪烁。在【Effect Controls】面板中调整"motion"下"Scale"参数为100.0，并单击"Scale"前的■按钮记录关键帧，如图6-63所示。

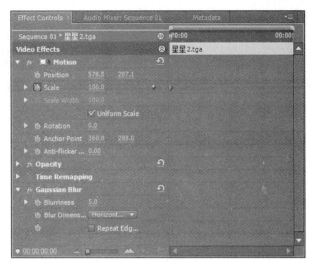

图6-63 设置参数

22 在时间线窗口中将时间指针调整至第10帧。在【Effect Controls】面板中设置"motion"下"Scale"参数为50.0添加一个关键帧，如图6-64所示。

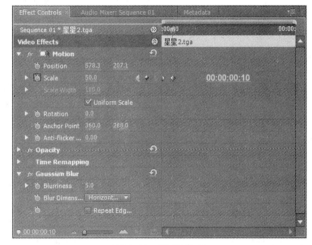

图6-64 设置参数

23 "星星2"的闪烁关键帧的创建与前面星星闪烁关键帧的创建一致，每10帧闪烁一次。在这里就不一一介绍创建了，最终创建完成的关键帧如图6-65所示。

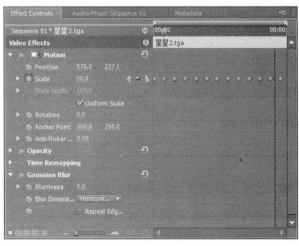

图6-65 设置参数

**24** 至此"闪烁的星星"已经制作完成，保存文件。按键盘上的空格键进行预览，视频截图效果如图6-66所示。

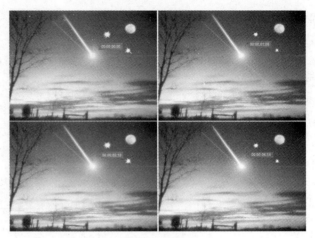

图6-66　预览画面

**25** 执行菜单栏中的【File】/【Export】/【Media】命令，在弹出的【Export Settings】对话框中设置文件格式及保存路径，如图6-67所示。

**26** 单击对话框中的 Queue 按钮，打开【Adobe Media Encoder】对话框，单击 开始队列 按钮，开始生成视频文件。

图6-67　设置参数

**27** 等待稍许时间，待状态栏中出现绿色对勾标识说明文件已经生成完毕，将生成好的"闪烁的星星"文件保存在"生成/第6课"文件夹中选中，如图6-68所示。

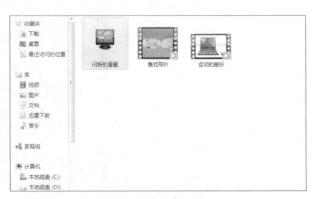

图6-68　保存位置

# 6.4

## 实例：幸运转盘（旋转动画）

01 双击 Pr 按钮，启动 Premiere Pro CS5 应用程序，建立一个新的项目文件"幸运转盘"。

02 执行菜单栏中【File】/【Import】命令，打开【Import】对话框，在"素材/第6课"文件夹中选中"005.avi"文件，将其导入Premiere项目窗口中，双击该素材，在节目窗口中出现导入的素材，如图6-69所示。

03 在项目窗口中选择"005.avi"素材，将其拖动到时间线窗口Video1轨道上，如图6-70所示。

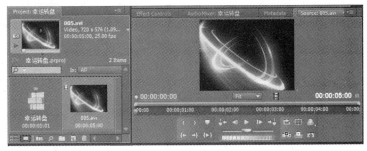

图6-69 导入素材

图6-70 将素材拖至时间线窗口

04 单击软件界面左下方的【Effects】/【Video Effects】/【Blur&Sharpen】选项，选择【Gaussian Blur】视频特效，如图6-71所示。

图6-71 设置参数

05 将该视频特效拖至时间线窗口中的Video1轨道"005.avi"素材上。在【Effect Controls】面板中设置【Gaussian Blur】特效的参数，如图6-72所示。

图6-72 设置参数

06 执行菜单栏中【File】/【Import】命令，打开【Import】对话框，在"素材/第6课"文件夹中选中"幸运转盘.tga"文件，将其导入Premiere项目窗口中，如图6-73所示。

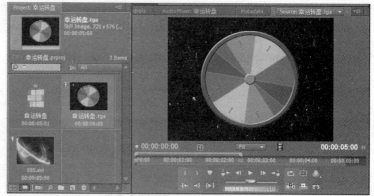

图6-73 导入素材

07 在项目窗口中选择"幸运转盘.tga"素材，将其拖动到时间线窗口中的Video2轨道上，如图6-74所示。

图6-74 将素材拖至时间线窗口

08 在【Effect Controls】面板中激活"Motion"下"Rotation"前面的◎按钮以记录关键帧，如图6-75所示。

图6-75 设置参数

09 在时间线窗口中将时间指针放置在00:00:03:00处，如图6-76所示。

图6-76 将素材拖至时间线窗口

10 在【Effect Controls】面板中再次设置"Rotation"的参数，创建关键帧，如图6-77所示。

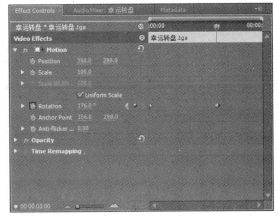

图6-77 设置参数

11 在时间线窗口中将时间指针放置在00:00:04:00处，如图6-78所示。

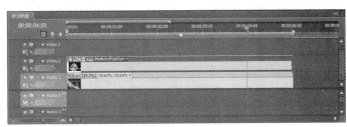

图6-78 将素材拖至时间线窗口

12 在【Effect Controls】面板中设置"Rotation"的参数，创建关键帧，如图6-79所示。

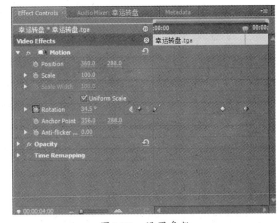

图6-79 设置参数

13 在时间线窗口中将时间指针放置在00:00:05:00处，在【Effect Controls】面板设置"Rotation"的参数，创建关键帧，如图6-80所示。

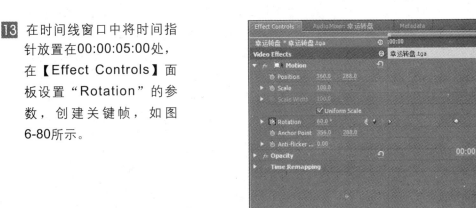

图6-80 设置参数

14 在时间线窗口中拖动时间指针，在监视器窗口中观察旋转的转盘，如图6-81所示。

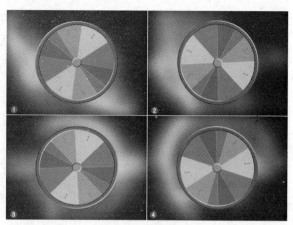

图6-81　视频预览

15 在"素材/第6课"文件夹中选中"幸运指针.tga"文件，将其导入Premiere项目窗口中。并将其从项目窗口中拖动到时间线窗口中的Video3轨道上，如图6-82所示。

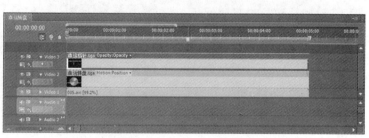

图6-82　将素材拖至时间线窗口

16 单击软件界面左下方的【Effects】/【Video Effects】/【Perspective】选项，选择【Drop Shadow】视频特效，如图6-83所示。

图6-83　设置参数

17 选择【Drop Shadow】特效的同时，按住鼠标左键不放，将其拖动至"幸运指针"素材上。在【Effect Controls】面板中可以看到添加【Drop Shadow】特效的参数，如图6-84所示。

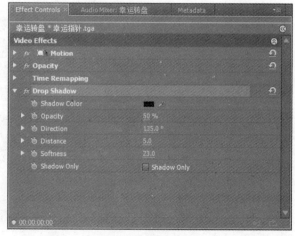

图6-84　设置参数

18 至此"幸运转盘"已经制作完成，保存文件。按键盘上的空格键进行预览，视频截图效果如图6-85所示。

图6-85　预览画面

19 执行菜单栏中的【File】/【Export】/【Media】命令，在弹出的【Export Settings】对话框中设置文件格式及保存路径，如图6-86所示。

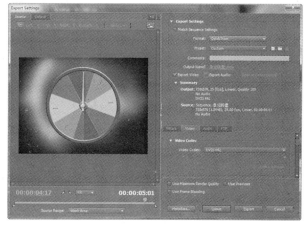

图6-86　设置参数

20 单击对话框中的 Queue 按钮，打开【Adobe Media Encoder】对话框，单击 开始队列 按钮，开始生成视频文件，如图6-87所示。

21 等待稍许时间，待状态栏中出现绿色对勾标识说明文件已经生成完毕。

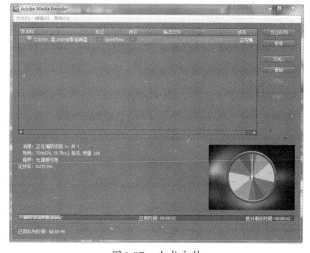

图6-87　生成文件

# 6.5　实例：隐形飞机（不透明度动画）

操 作 步 骤

01 双击 按钮，启动Premiere Pro CS5应用程序，建立一个新的项目文件"隐形飞机"。

02 执行菜单栏中【File】/【Import】命令, 打开【Import】对话框, 在"素材/第6课"文件夹中选中"跑道.tga"文件, 将其导入Premiere项目窗口中, 双击该素材, 在节目窗口中出现导入的素材, 如图6-88所示。

图6-88 导入素材

03 在项目窗口中选择"跑道.tga"素材, 将其拖动到时间线窗口中的Video1轨道上, 如图6-89所示。

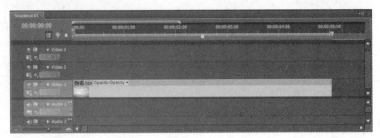

图6-89 将素材拖至时间线窗口

04 在"素材/第6课"文件夹中选中"飞机.tga"文件, 将其导入Premiere项目窗口中, 并将其从项目窗口中拖动到时间线窗口中的Video2轨道上, 如图6-90所示。

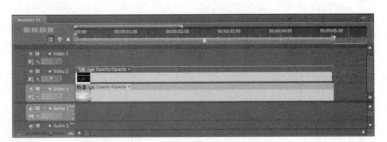

图6-90 将素材拖至时间线窗口

05 在【Effect Controls】面板中设置"Motion"下"Scale"的参数为0.0, 并单击前面的◎按钮记录关键帧, 如图6-91所示。

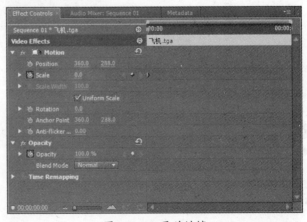

图6-91 记录关键帧

**06** 在时间线窗口中将时间指针调整至最后一帧，如图6-92所示。

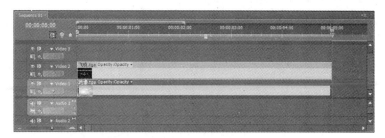

图6-92　调整时间指针

**07** 在【Effect Controls】面板中设置"Scale"的参数为100.0，创建新的关键帧，如图6-93所示。

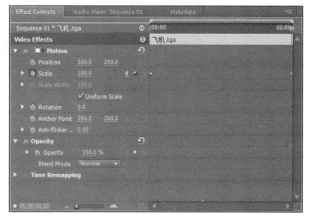

图6-93　创建关键帧

**08** 在时间线窗口中拖动时间指针，在监视器窗口中观察设置缩放后的效果，如图6-94所示。

图6-94　预览效果

**09** 选中Video2轨道中的素材，在【Effect Controls】面板中设置其透明度动画。

**10** 在时间线窗口中将时间指针调整至00:00:01:09处，如图6-95所示。

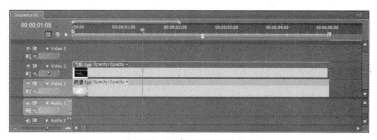

图6-95　调整时间指针位置

**11** 在【Effect Controls】面板中单击"Opacity"参数前面的 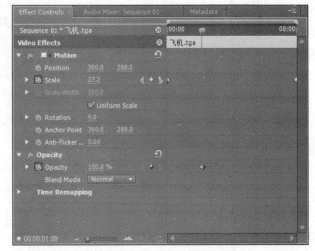 按钮以记录关键帧，如图6-96所示。

图6-96　记录关键帧

**12** 在时间线窗口中将时间指针调整至00:00:02:08处，在【Effect Controls】面板中设置"Opacity"的参数为0.0，如图6-97所示。

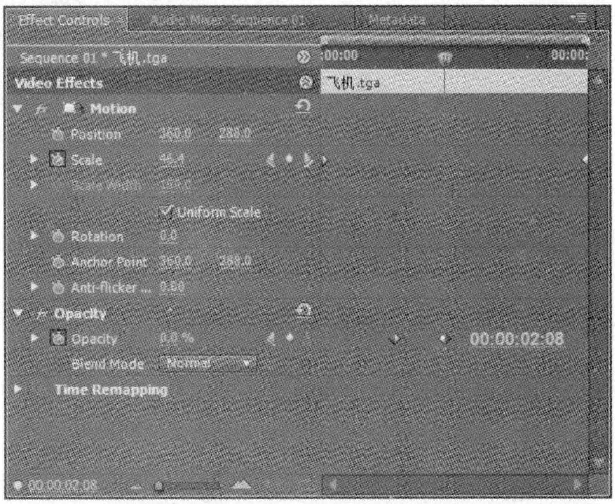

图6-97　创建关键帧

**13** 在时间线窗口中将时间指针调整至00:00:03:05处，在【Effect Controls】面板中设置"Opacity"的参数为100.0，如图6-98所示。

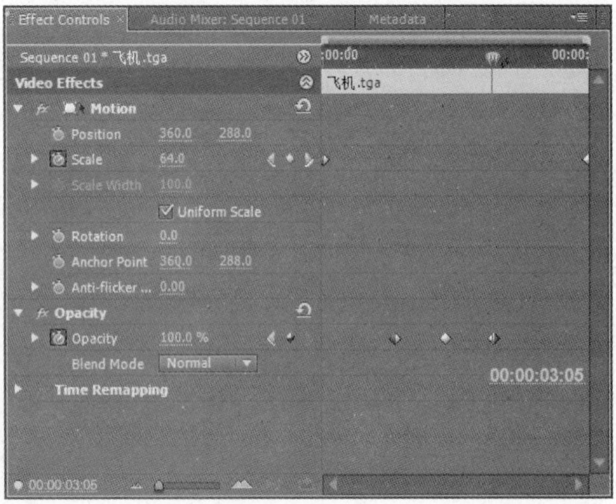

图6-98　创建关键帧

14 在时间线窗口中拖动时间
指针，在监视器窗口中观
察设置透明度后的效果，
如图6-99所示。

图6-99 预览画面

15 在"素材/第6课"文件夹
中选中"云朵.tga"文件，
将其导入Premiere项目窗
口中，并将其从项目窗口
中拖动到时间线窗口中的
Video3轨道上，如图6-100
所示。

图6-100 将素材拖至时间线窗口

16 在时间线窗口中将时间指
针调整至00:00:01:09处，
如图6-101所示。

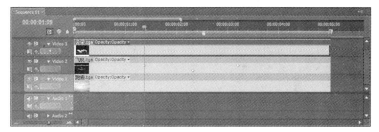

图6-101 调整时间指针

17 在【Effect Controls】面板
中设置"Opacity"的参数
为0.0，并单击 按钮记录
关键帧，如图6-102所示。

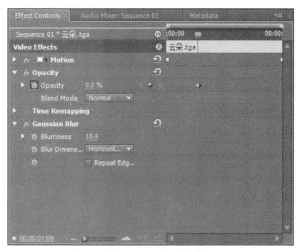

图6-102 记录关键帧

18 在时间线窗口中将时间指针调整至00:00:02:09处，如图6-103所示。

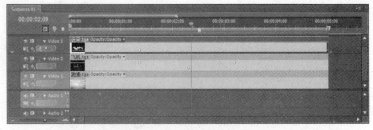

图6-103 调整时间指针

19 在【Effect Controls】面板中设置"Opacity"的参数为100.0，如图6-104所示。

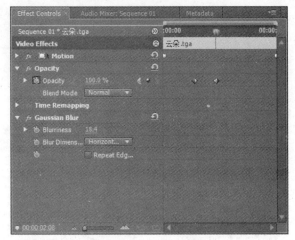

图6-104 创建关键帧

20 在时间线窗口中将时间指针调整至00:00:03:05处，在【Effect Controls】面板中设置"Opacity"的参数为0.0，如图6-105所示。

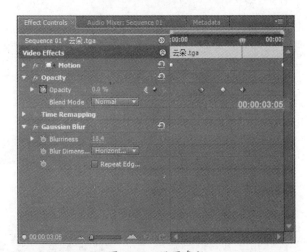

图6-105 设置参数

21 单击软件界面左下方的【Effects】/【Video Effects】/【Blur&Sharpen】选项，选择【Gaussian Blur】视频特效，如图6-106所示。

图6-106 设置参数

22 将该视频特效拖至时间线窗口中的Video3轨道"云朵.tga"素材上。在【Effect Controls】面板中调整【Gaussian Blur】特效的参数，如图6-107所示。

图6-107 设置参数

23 至此"隐形飞机"已经制作完成，保存文件。按键盘上的空格键进行预览，视频截图效果如图6-108所示。

24 执行菜单栏中的【File】/【Export】/【Media】命令，在弹出的【Export Settings】对话框中设置文件输出格式为.mov。

图6-108 预览画面

# 6.6 实例：时间控制（素材的时间控制）

操作步骤

01 双击 按钮，启动 Premiere Pro CS5 应用程序，建立一个新的项目文件"时间控制"。

02 执行菜单栏中【File】/【Import】命令，打开【Import】对话框，在"素材/第6课"文件夹中选中"鳄鱼长颈鹿.mov"文件，将其导入Premiere项目窗口中，双击该素材，在节目窗口中出现导入的素材，如图6-109所示。

图6-109 导入素材

03 在项目窗口中选择"鳄鱼长颈鹿.mov"素材,将其拖动到时间线窗口中的Video1轨道上,如图6-110所示。

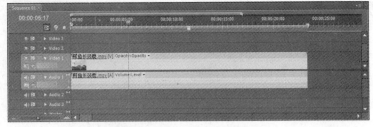

图6-110 将素材拖至时间线窗口

04 在时间线窗口中,选中Video1上的素材,单击鼠标右键,在弹出的快捷键中选择"Unlink"命令,将视频文件与音频文件分开,如图6-111所示。

图6-111 选择命令

05 在时间线轨道中选中音频文件,按键盘上的「Delete」键将其删除,如图6-112所示。

图6-112 删除音频素材

06 将鼠标放在关键帧显示类型选择菜单上,从下拉菜单中选择"Time Remapping/Speed"类型,调整素材播放速度,如图6-113所示。

图6-113 选择关键帧显示类型

07 选择时间映像类型后,时间线窗口素材如图6-114所示。

图6-114 选择时间映像

**08** 在时间线窗口中，在黄色的关键帧显示线上按下鼠标左键，并向上移动鼠标，直到数值显示为200%时，松开鼠标左键，如图6-115所示。

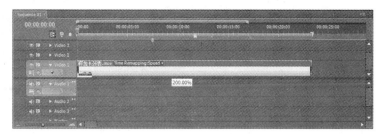

图6-115　调整映像值

**09** 在时间线窗口中将时间指针调整至00:00:02:05处，单击时间轨道工具处的关键帧按钮，记录关键帧，如图6-116所示。

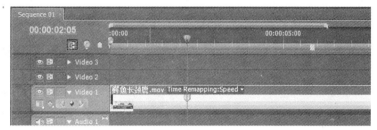

图6-116　记录关键帧

**10** 在时间线窗口中的时间指针后的任何地方，用鼠标左键按下黄色的关键帧显示线，并向下移动鼠标，直到数值显示为100%时，松开鼠标左键，如图6-117所示。

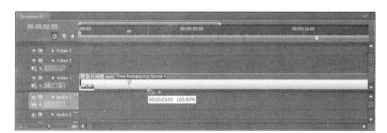

图6-117　调整映像值

**11** 在【Effect Controls】面板中可以观察到映像值的变化，如图6-118所示。

**12** 在监视器窗口中单击 ▶ 按钮，可以看到画面的变化。在00:00:02:05处播放速度有明显的变化，在00:00:02:05处前播放速度很快，在00:00:02:05处后播放速度明显变慢。

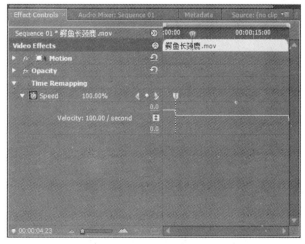

图6-118　调整映像值

13 在时间线窗口中选中创建的关键帧，并向右拖动鼠标左键，确定好位置后松开鼠标左键，便可以把关键帧分为两部分，如图6-119所示。

图6-119 将关键帧分为两部分

14 分为两部分的好处是在速度有变化时看起来不是那么突然，画面上感觉有个过渡的时间。

15 在【Effect Controls】面板中可以通过曲线示意图清楚地看到原来的曲线是直上直下的，所以在速度变化处感觉很突然；分为两部分后曲线示意图有一个过渡时间，所以从视觉上感觉速度变化比较缓和，如图6-120所示。

调整前后的对比

图6-120 将关键帧分为两部分的前后效果对比

16 在时间线窗口中将时间指针调整至00:00:12:17处，单击时间轨道工具处的关键帧按钮，记录关键帧，如图6-121所示。

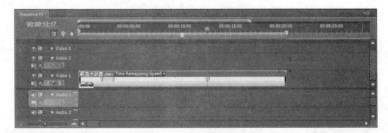

图6-121 记录关键帧

17 在时间线窗口中的时间指针后的任何地方，用鼠标左键按下黄色的关键帧显示线，并向上移动鼠标，直到数值显示为200%时，松开鼠标左键，如图6-122所示。

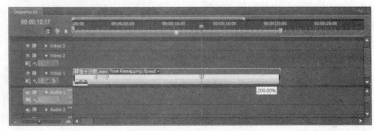

图6-122 调整映像值

**18** 在【Effect Controls】面板中可以观察到映像值的变化，如图6-123所示。

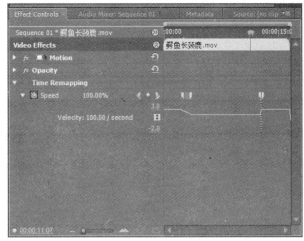

图6-123 调整映像值

**19** 在时间线窗口中选中创建的关键帧，并向右拖动鼠标左键，确定好位置后松开鼠标左键，便可以把关键帧分为两部分，如图6-124所示。

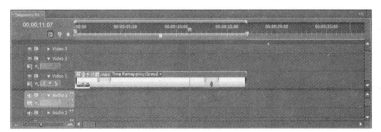

图6-124 将关键帧分为两部分

**20** 分为两部分也是在速度有变化时看起来不是那么突然，在画面上感觉有个过渡的时间。在【Effect Controls】面板中可以比较调整前后曲线示意图，如图6-125所示。

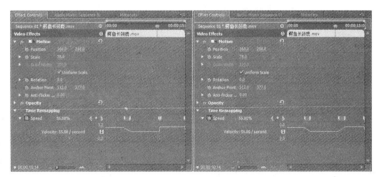

图6-125 将关键帧分为两部分的前后效果对比

**21** 至此"时间控制"已经制作完成，保存文件。按键盘上的空格键进行预览，视频截图效果如图6-126所示。

图6-126 视频截图

22 执行菜单栏中的【File】/【Export】/【Media】命令，在弹出的【Export Settings】对话框中设置文件输出格式为.m2v。

## 【课后练习】慢动作效果

　　调整视频的播放速度可以实现快动作和慢动作的效果。除了使用"Time Remapping/Speed"控制视频的播放速度外，还可以选中需要调整的视频，然后单击鼠标右键，选择"Speed"直接控制视频的播放速度。

# 第7课
# 转场特效

转场是一段素材与另一段素材衔接的方式，通过组接建立起作品的整体结构，更好地表达主题，增强艺术感染力，使其成为一个呈现现实、交流思想、表达感情的整体。为了使观看的视觉具有连续性，需要利用转场特效，使人在视觉上感到素材与素材间的过渡自然、顺畅。

## 【本课知识】

1. 转场的形式和使用方法
2. 系统内置特效
3. 过渡效果
4. 制作翻页转场效果
5. 编辑转场效果
6. 百叶窗转场效果

# 7.1 实例：海天一色（转场的形式和使用方法）

**01** 双击 Pr 按钮，启动 Premiere Pro CS5应用程序，建立一个新的项目文件"海天一色"。

**02** 执行菜单栏中【File】/【Import】命令，打开【Import】对话框，在"素材/第7课"文件夹中选中"天空.mov"文件和"SW109.mov"文件，将它们导入 Premiere 项目窗口中，如图7-1所示。

图7-1 导入素材

**03** 在项目窗口中选择"天空.mov"素材，将其拖动到时间线窗口中的Video1轨道上，如图7-2所示。

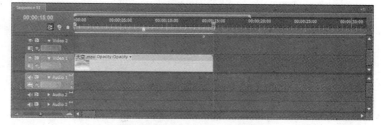

图7-2 将素材拖至时间线窗口

**04** 在时间线窗口中将时间指针调至 00:00:06:24 处，将鼠标放置在素材后面，待出现时，按住鼠标左键向左拖动至如图 7-3 所示处。

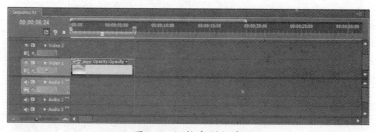

图7-3 调整素材长度

**05** 在项目窗口中选择"SW109.mov"素材，将其拖动到时间线窗口中的Video1轨道"天空.mov"素材的后方，如图7-4所示。

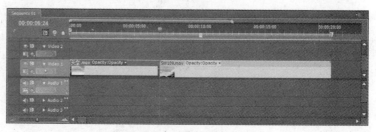

图7-4 将素材拖至时间线窗口

**06** 在时间线窗口中将时间指针调至 00:00:15:00 处，将鼠标放置在素材后面，待出现 时，按住鼠标左键向左拖动至如图 7-5 所示处。

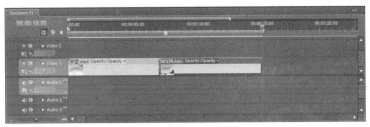

图7-5　调整素材长度

**07** 单击软件界面左下方的【Effects】/【Video Transitions】/【Dissolve】选项，选择【Cross Dissolve】过渡效果，如图 7-6 所示。

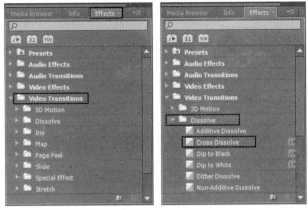

图7-6　设置参数

**08** 将此过渡效果拖至时间线窗口中的"SW109"素材的前端，如图7-7所示。

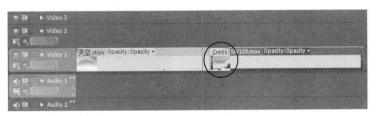

图7-7　添加过渡效果

**09** 在时间线窗口中选中过渡效果，在【Effect Controls】面板中设置"End"参数为 50.0，选中"Show Actual Sources"复选项，如图 7-8 所示。

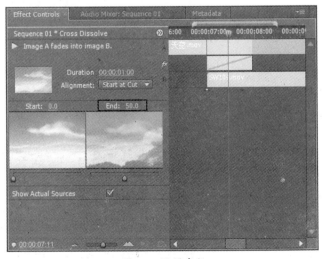

图7-8　设置参数

10 在时间线窗口中拖动时间指针，在监视器窗口中查看添加过渡效果后的图像，如图7-9所示。

图7-9 预览画面

11 在项目窗口中选择"天空.mov"素材，将其拖动到时间线窗口中的 Video2 轨道上，如图 7-10 所示。

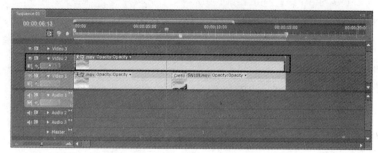

图7-10 将素材拖至时间线窗口

12 在时间线窗口中将时间指针调至 00:00:07:24 处，单击❤️工具，将素材切开，如图 7-11 所示。

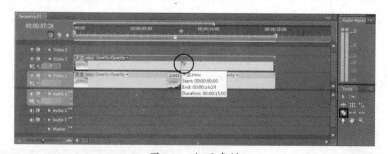

图7-11 切开素材

13 在时间线窗口中选中 Video2轨道切开后左侧的素材，敲键盘【Delete】键将素材删除，如图7-12所示。

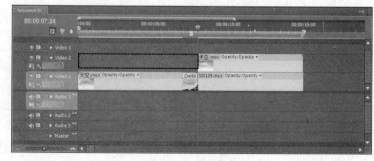

图7-12 删除素材

14 在时间线窗口中选中图
7-13所示的素材,在【Effect
Controls】面板中设置
"Opacity"的参数为50.0。

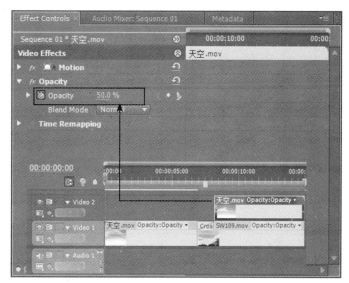

图7-13 设置参数

15 执行菜单栏中的【File】
/【Export】/【Media】
命令,在弹出的【Export
Settings】对话框中设置文
件格式及保存路径,如图
7-14所示。

16 单击对话框中的 Queue
按钮,打开【Adobe Media
Encoder】对话框,单击
开始队列 按钮,开始生成
视频文件。等待稍许时间,
待状态栏出现绿色对勾标识
说明文件已经生成完毕。

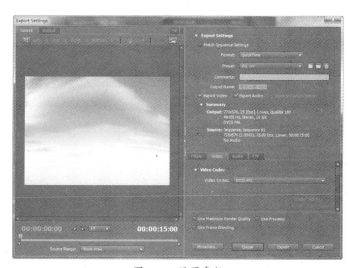

图7-14 设置参数

# 7.2 实例: 雨中绿林 (系统内置特效)

操 作 步 骤

01 双击 按钮,启动 Premiere Pro CS5 应用程序,建立一个新的项目文件 "雨中绿林"。

02 执行菜单栏中【File】/
【Import】命令，打开
【Import】对话框，在"素
材/第7课"文件夹中选中
"雨天.mov"文件和"雨
林.mov"文件，将它们导
入Premiere项目窗口中，如
图7-15所示。

图7-15 导入素材

03 在项目窗口中选择"雨天
.mov"素材，将其拖动到
时间线窗口中的Video1轨
道上，如图7-16所示。

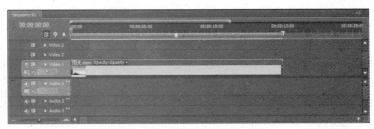

图7-16 将素材拖至时间线窗口

04 在时间线窗口中将时间指
针调整至00:00:03:09处，
如图7-17所示。

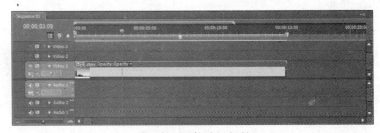

图7-17 调整时间指针

05 在时间线窗口中将鼠标
放置在素材后面，待出现
时，按住鼠标左键向左
拖动至时间指针处，如图
7-18所示，松开鼠标左键
将素材进行调整。

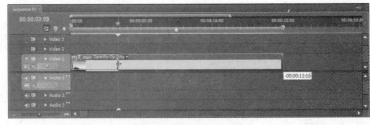

图7-18 调整素材长度

**06** 调素材长度后，再将项目窗口中的"雨林.mov"素材拖动到时间线窗口中的Video2轨道上，如图7-19所示。

图7-19　调整素材长度

**07** 在时间线窗口中选中"雨林.mov"素材，按照前面所讲的方法，调整它的长度，如图7-20所示。

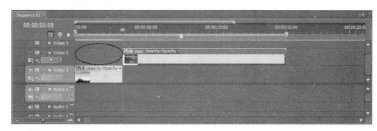

图7-20　调整素材长度

**08** 在时间线窗口中选中"雨林.mov"素材，将其拖至Video1轨道素材后面，使两段素材首尾相接，如图7-21所示。

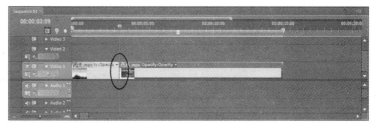

图7-21　调整素材位置

**09** 单击软件界面左下方的【Effects】/【Video Transitions】/【Dissolve】选项，选择【Cross Dissolve】过渡效果，如图7-22所示。

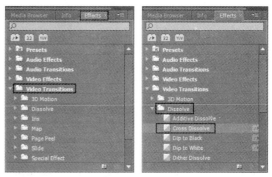

图7-22　设置参数

**10** 将此过渡效果拖至时间线窗口中两段素材的中间，如图7-23所示。

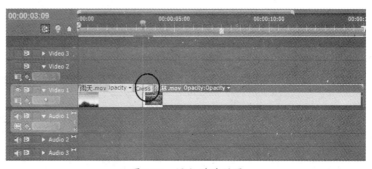

图7-23　添加过渡效果

**11** 在时间线窗口中选中过渡效果，将过渡效果向右拖动至素材的末端，如图7-24所示。

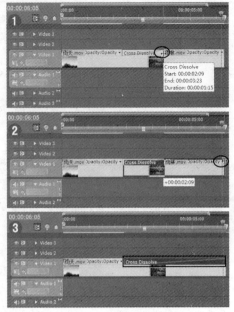

图7-24 拖动过渡效果

**12** 在时间线窗口中选中添加的过渡效果，在【Effect Controls】面板中可以看到当前的默认参数，如图7-25所示。

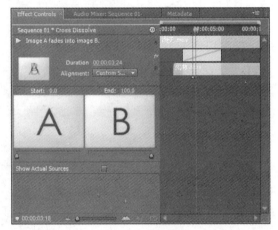

图7-25 设置参数

**13** 在【Effect Controls】面板中设置"End"为50.0，选中"Show Actual Sources"复选项，如图7-26所示。

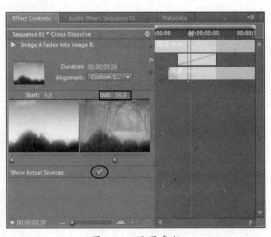

图7-26 设置参数

14 至此"雨中绿林"已经制作完成，保存文件。在时间线窗口中拖动时间指针在监视器窗口中预览画面，如图7-27所示。

15 执行菜单栏中的【File】/【Export】/【Media】命令，在弹出的【Export Settings】对话框中设置文件输出格式为.m2v。

图7-27 预览画面

# 7.3 实例：昼夜转换（过渡效果）

操作步骤

01 双击 Pr 按钮，启动 Premiere Pro CS5 应用程序，建立一个新的项目文件"昼夜转换"。

02 执行菜单栏中【File】/【Import】命令，打开【Import】对话框，在"素材/第7课"文件夹中选中"白天.mov"文件和"夜晚.mov"文件，将其导入Premiere项目窗口中，如图7-28示。

图7-28 导入素材

03 在项目窗口中选择"夜晚
.mov"素材,将其拖动到
时间线窗口中的Video1轨
道上,如图7-29所示。

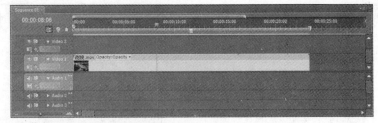

图7-29 将素材拖至时间线窗口

04 在项目窗口中选择"白天
.mov"素材,将其拖动到
时间线窗口中的Video2轨
道上,如图7-30所示。

图7-30 将素材拖至时间线窗口

05 在时间线窗口中将时间指
针调整至00:00:10:00处,
待出现 时,按住鼠标左键
向左拖动至时间指针处,如
图7-31所示,并松开鼠标
左键将素材进行调整。

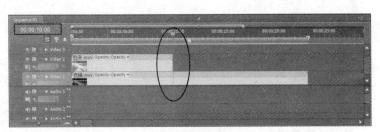

图7-31 调整素材长度

06 单击软件界面左下方
的【Effects】/【Video
Transitions】/【Slide】选
项,选择【Slide】过渡效
果,如图7-32所示。

图7-32 设置参数

**07** 将此过渡效果拖至时间线窗口中的Video2轨道素材的末端，如图7-33所示。

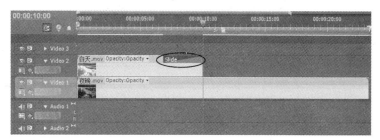

图7-33 添加过渡效果

**08** 在时间线窗口中选中添加的过渡效果，在【Effect Controls】面板中设置"Border Width"为5.0，"Border Color"为黄色，"Anti-aliasing Quality"为High，如图7-34所示。

图7-34 设置参数

**09** 至此"昼夜转换"已经制作完成，保存文件。在时间线窗口中拖动时间指针，在监视器窗口中预览画面，如图7-35所示。

图7-35 预览画面

10 执行菜单栏中的【File】/【Export】/【Media】命令，在弹出的【Export Settings】对话框中设置文件格式及保存路径，如图7-36所示。

11 单击对话框中的 Queue 按钮，打开【Adobe Media Encoder】对话框，单击 开始队列 按钮，开始生成视频文件。等待稍许时间，待状态栏出现绿色对勾说明文件已经生成完毕。

图7-36 设置参数

# 7.4 实例：新的一页（制作翻页转场效果）

操作步骤

01 双击 ![Pr] 按钮，启动 Premiere Pro CS5 应用程序，建立一个新的项目文件"新的一页"。

02 执行菜单栏中【File】/【Import】命令，打开【Import】对话框，在"素材/第7课"文件夹中选中"封面.tga"文件和"纸张.tga"文件，将其导入Premiere项目窗口中，如图7-37所示。

图7-37 导入素材

03 在项目窗口中选择"封面.tga"素材，将其拖动到时间线窗口中的Video2轨道上，如图7-38所示。

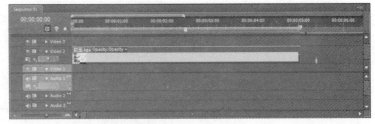

图7-38 将素材拖至时间线窗口

**04** 在时间线窗口中将时间指针调整至00:00:04:00处，待出现 时，按住鼠标左键向左拖动鼠标至时间指针处，如图7-39所示，并松开鼠标左键调整素材。

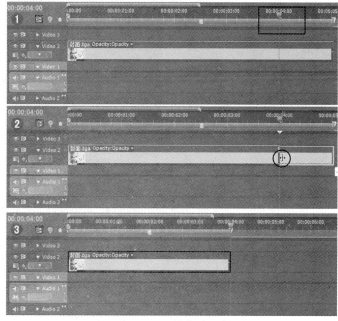

图7-39 调整素材长度

**05** 在项目窗口中选择"纸张.tga"素材，将其拖动到时间线窗口中的Video1轨道上，使其与"封面.tga"素材首尾相接，如图7-40所示。

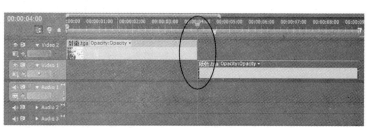

图7-40 将素材拖至时间线窗口

**06** 在时间线窗口中将时间指针调整至00:00:27:05处，待出现 时，按住鼠标左键向右拖动鼠标至时间指针处，如图7-41所示，并松开鼠标左键调整素材长度。

图7-41 调整素材长度

**07** 执行菜单栏中【File】/【Import】命令，打开【Import】对话框，在"素材/第7课"文件夹中选中"GR119.mov"文件和"GR120.mov"文件，将其导入Premiere项目窗口中，如图7-42示。

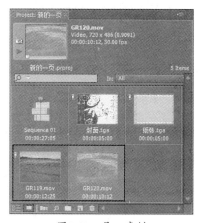

图7-42 导入素材

08 在项目窗口中选择"GR119.mov"素材，将其拖动到时间线窗口中 Video1 轨道"封面 .tga"素材的后面，如图7-43 所示。

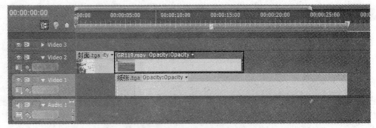

图7-43 将素材拖至时间线窗口

09 在【Effect Controls】面板中设置"Scale"的参数是106.0，如图7-44所示。

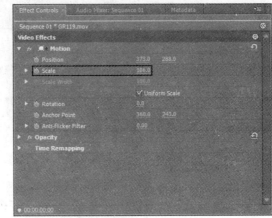

图7-44 设置参数

10 在时间线窗口将时间指针放置在00:00:05:17处，在监视器窗口中可以看到视频素材在纸张素材的中间播放，如图7-45所示。

图7-45 监视器窗口

11 单击软件界面左下方的【Effects】/【Video Transitions】/【Page Peel】选项，选择【Page Peel】过渡效果，如图7-46所示。

图7-46 设置参数

12 将此过渡效果拖至时间线窗口中的Video2轨道素材的末端，如图7-47所示。

图7-47 添加过渡效果

13 在时间线窗口中选中添加的【Page Peel】过渡效果，在【Effect Controls】面板中可以看到当前的默认参数，如图7-48所示。

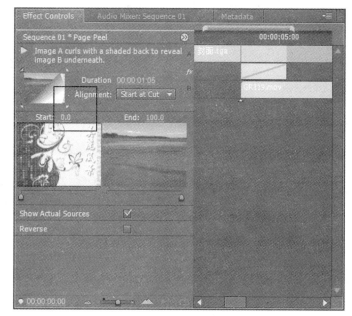

图7-48 设置参数

14 在【Effect Controls】面板中调整翻页的位置，单击如图7-49所示的小三角标识以改变翻页的位置。

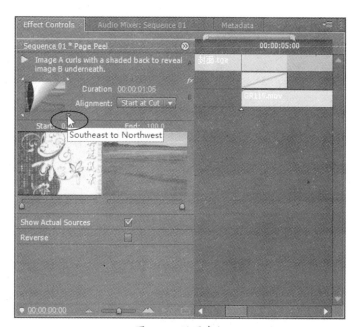

图7-49 设置参数

15 在时间线窗口中拖动鼠标，在监视器窗口中观察添加过渡效果后的效果，如图7-50所示。

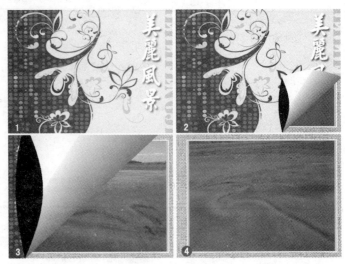

图7-50 预览画面

16 在项目窗口中选择"GR120.mov"素材，将其拖动到时间线窗口中的Video2轨道上，如图7-51所示。

17 单击软件界面左下方的【Effects】/【Video Transitions】/【Dissolve】选项，选择【Dip to White】过渡效果，如图7-52所示。

18 将添加的过渡效果拖至"GR119.mov"文件和"GR120.mov"素材的中间，此时系统会弹出【Transition】对话框，如图7-53所示。如果前后两段素材都没有经过裁剪，使用过渡效果时就会出现此对话框，此对话框提示过渡效果会产生重复帧。一般情况下重复帧并不会产生明显的视觉效果。

图7-51 将素材拖至时间线窗口

图7-52 设置参数

图7-53 【Transition】对话框

**19** 单击 [OK] 按钮关闭对话框。此时添加的【Dip to White】过渡效果在"GR119.mov"文件和"GR120.mov"素材的中间，如图7-54所示。

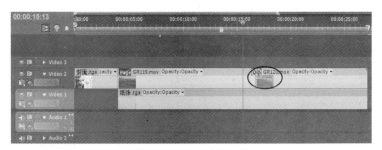

图7-54 添加过渡效果

**20** 至此"新的一页"已经制作完成，保存文件。在时间线窗口中拖动时间指针，在监视器窗口中预览画面，如图7-55所示。

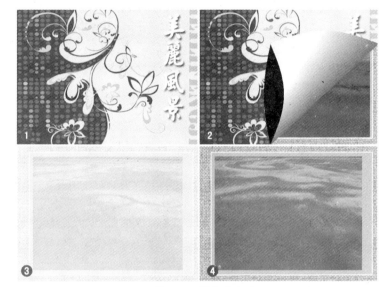

图7-55 预览画面

**21** 执行菜单栏中的【File】/【Export】/【Media】命令，在弹出的【Export Settings】对话框中设置文件格式及保存路径，如图7-56所示。

**22** 单击对话框中的 [Queue] 按钮，打开【Adobe Media Encoder】对话框，单击 [开始队列] 按钮，开始生成视频文件。等待稍许时间，待状态栏出现绿色对勾标识说明文件已经生成完毕。

图7-56 设置参数

# 7.5 实例：瀑布飞雨（编辑转场效果）

操 作 步 骤

**01** 双击 **Pr** 按钮，启动 Premiere Pro CS5 应用程序，建立一个新的项目文件"瀑布飞雨"。

**02** 菜单栏中【File】/【Import】命令，打开【Import】对话框，在"素材/第7课"文件夹中选中"雨天.mov"文件，将其导入 Premiere 项目窗口中，双击该素材，在节目窗口中出现导入的素材，如图 7-57 所示。

图7-57 导入素材

**03** 在项目窗口中选择"雨天.mov"素材，将其拖动到时间线窗口中的Video2轨道上，如图7-58所示。

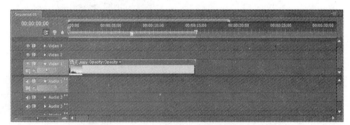

图7-58 将素材拖至时间线窗口

**04** 在时间线窗口中将时间指针调整至00:00:05:05处，待出现时，按住鼠标左键向左拖动鼠标至时间指针处，如图7-59所示，并松开鼠标左键调整素材。

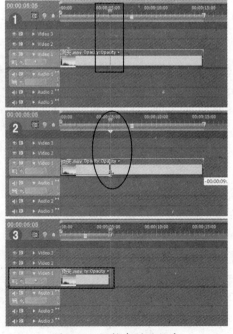

图7-59 调整素材的长度

**05** 执行菜单栏中【File】/【Import】命令,打开【Import】对话框,在"素材/第7课"文件夹中选中"SW110.mov"文件,将其导入Premiere项目窗口中,如图7-60所示。

图7-60 导入素材

**06** 在时间线窗口中将时间指针调整至00:00:10:13处,在项目窗口中选择"SW110.mov"素材,将其拖动到图7-61所示的时间线窗口中的Video2轨道上。

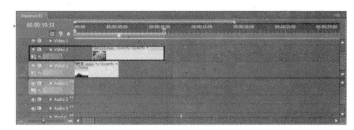

图7-61 将素材拖至时间线窗口

**07** 在时间线窗口中将时间指针调整至00:00:05:05处,待出现圈时,按住鼠标左键向右拖动至时间指针处,如图7-62所示,并松开鼠标左键调整素材。

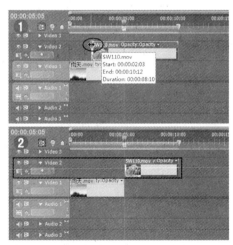

图7-62 将素材拖至时间线窗口

**08** 在时间线窗口中将"SW110.mov"素材拖到Video1轨道"雨天.mov"素材的后面,如图7-63所示。

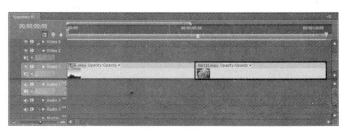

图7-63 调整素材的位置

09 单击软件界面左下方的【Effects】/【Video Transitions】/【Iris】，选择【Iris Shapes】过渡效果，如图7-64所示。

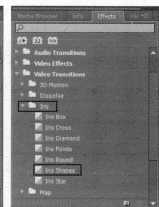

图7-64 设置参数

10 将【Iris Shapes】过渡效果添加到两段素材的中间，如图7-65所示。

图7-65 添加过渡效果

11 在时间线窗口中将时间指针移动至两段素材的过渡效果处，在监视器窗口中观察画面，如图7-66所示。

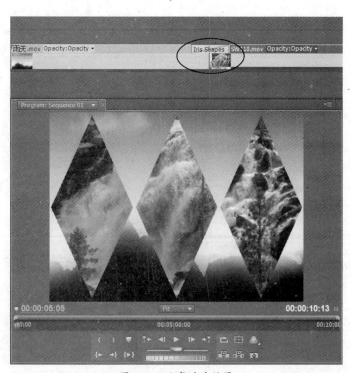

图7-66 观察过渡效果

12 在时间线窗口中选中添加的【Iris Shapes】过渡效果，在【Effect Controls】面板中单击 Custom... 按钮，在弹出的【Iris Shapes Settings】对话框中参照图7-67设置参数。

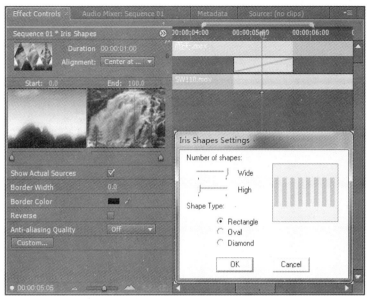

图7-67 设置参数

13 单击【Iris Shapes Settings】对话框中的 OK 按钮，在时间线窗口中调整时间指针，并在监视器窗口中观察图像，如图7-68所示。

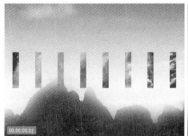

图7-68 预览画面

14 在【Effect Controls】面板中设置"Border Width"为2.0，"Border Color"为黄色，"Anti-aliasing Qaality"为High，并在监视器窗口中观察图像，如图7-69所示。

图7-69 设置参数

15 至此"瀑布飞雨"已经制作完成，保存文件。在时间线窗口中拖动时间指针，在监视器窗口中预览画面，如图7-70所示。

图7-70 预览画面

16 执行菜单栏中的【File】/【Export】/【Media】命令，在弹出的【Export Settings】对话框中设置文件格式及保存路径，如图7-71所示。

17 单击对话框中的 Queue 按钮，打开【Adobe Media Encoder】对话框，单击 开始队列 按钮，开始生成视频文件。等待稍许时间，待状态栏出现绿色对勾标识说明文件已经生成完毕。

图7-71 设置参数

# 7.6 实例：百叶窗（百叶窗转场效果）

操 作 步 骤

01 双击 Pr 按钮，启动Premiere Pro CS5应用程序，建立一个新的项目文件"百叶窗"。

02 执行菜单栏中【File】/【Import】命令，打开【Import】对话框，在"素材/第7课"文件夹中选中"窗帘.tga"文件，将其导入Premiere项目窗口中，双击该素材，在节目窗口中出现导入的素材，如图7-72所示。

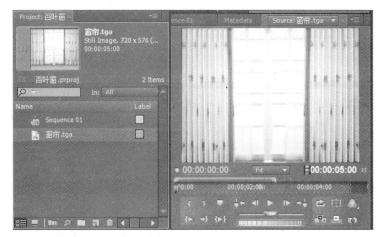

图7-72 导入素材

03 在项目窗口中选择"窗帘.tga"素材，将其拖动到时间线窗口Video1轨道上，如图7-73所示。

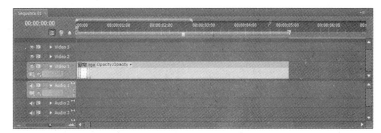

图7-73 将素材拖至时间线窗口

04 在时间线窗口中将时间指针调整至00:00:03:21处，待出现 时，按住鼠标左键向左拖动至时间指针处，如图7-74所示，并松开鼠标左键调整素材。

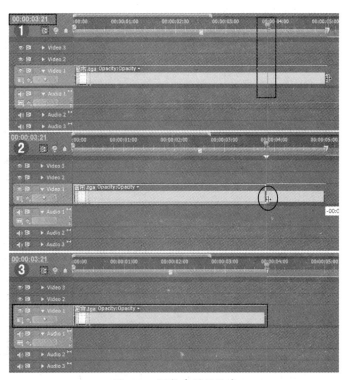

图7-74 调整素材的长度

05 执行菜单栏中【File】/
【Import】命令，打开
【Import】对话框，在
"素材/第7课"文件夹中
选中"气泡.mov"文件，
将其导入Premiere项目窗
口中，如图7-75所示。

图7-75 导入素材

06 在时间线窗口中将时间指针
调整至00:00:33:08处，在项
目窗口中选择"气泡.mov"
素材，将其拖动到时间线窗
口中的Video2轨道上，使素
材尾部和时间指针对齐，如
图7-76所示。

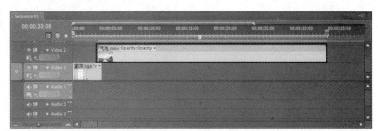

图7-76 将素材拖至时间线窗口

07 在时间线窗口中将时间指
针调整至00:00:03:21处，
将鼠标放在"气泡.mov"
素材的前端，待出现
时，按住鼠标左键并向右
拖动至时间指针处，如图
7-77所示，松开鼠标左键
调整素材。

图7-77 调整素材的长度

**08** 在时间线窗口中将"气泡.mov"素材拖到Video1轨道"窗帘.tga"素材的后面,如图7-78所示。

图7-78　调整素材的位置

**09** 单击软件界面左下方的【Effects】/【Video Transitions】/【Slide】选项,选择【Sliding Bands】过渡效果,如图7-79所示。

图7-79　设置参数

**10** 将【Sliding Bands】过渡效果添加到两段素材的中间,如图7-80所示。

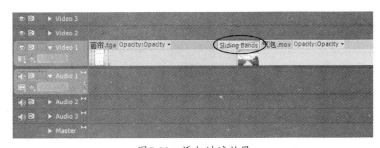

图7-80　添加过渡效果

**11** 在【Effect Controls】面板中设置"Anti-aliasing Quality"参数为High,如图7-81所示。

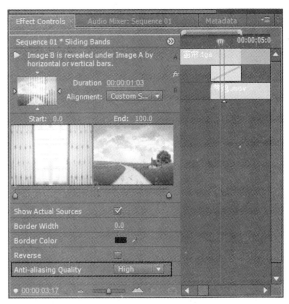

图7-81　设置参数

12 至此"百叶窗"已经制作完成，保存文件。在时间线窗口中拖动时间指针，在监视器窗口中预览画面，如图7-82所示。

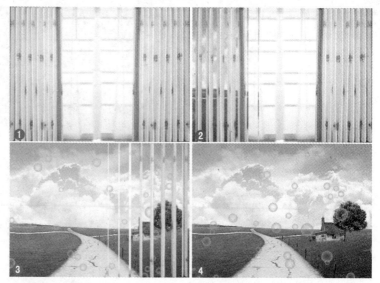

图7-82 预览画面

13 执行菜单栏中的【File】/【Export】/【Media】命令，在弹出的【Export Settings】对话框中设置文件格式及保存路径，如图7-83所示。

14 单击对话框中的 Queue 按钮，打开【Adobe Media Encoder】对话框，单击 开始队列 按钮，开始生成视频文件。等待稍许时间，待状态栏出现绿色对勾标识说明文件已经生成完毕。

图7-83 设置参数

## 【课后练习】常用外挂插件

Premiere Pro CS5自带了各种转场效果。除此之外Premiere Pro CS5还支持第三方开发的特效插件，可将其作视频转场的特殊效果，较为常见的有Hollywood Fx等，读者可以购买或者下载试用版来实现多种转场特效。

# 第8课
# 精彩特效

特效是视频合成类软件的重点部分，通过特效可以矫正视频的色彩、去除画面的瑕疵，在一定程度上优化画面质量。更多的特效可以生成一些独特的画面元素，如风雨雷电、闪耀的光效等等。

## 【本课知识】

1.视频特效的使用方法

2.模糊与锐化类特效的应用

3.风格化特效的应用

4.调色特效的应用

5.变形特效的应用

6.调色插件的运用

# 8.1

## 实例：变脸（视频特效的使用方法）

**操作步骤**

01 双击 Pr 按钮，启动 Premiere Pro CS5应用程序，建立一个新的项目文件"变脸"。

02 执行菜单栏中【File】/【Import】命令，打开【Import】对话框，在"素材/第8课"文件夹中选中"脸谱.tga"文件，将它们导入Premiere项目窗口中，双击该素材，在节目窗口中出现导入的素材，如图8-1所示。

图8-1 导入素材

03 在项目窗口中选择"脸谱.tga"素材，将其拖动到时间线窗口中的Video1轨道上，如图8-2所示。

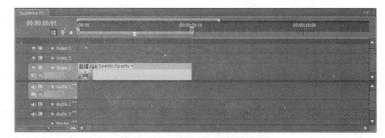

图8-2 将素材拖至时间线窗口

04 在时间线窗口中将时间指针调整至00:00:10:00处，待出现 时，按住鼠标左键向左拖动至时间指针处，如图8-3所示，并松开鼠标左键调整素材长度。

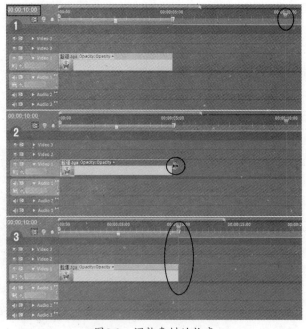

图8-3 调整素材的长度

05 单击软件界面左下方的【Effects】/【Video Effects】/【Color Correction】选项，选择【Color Balance (HLS)】视频特效，如图8-4所示。

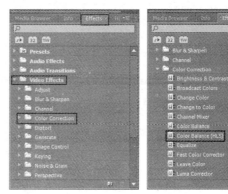

图8-4 选择视频特效

06 将该视频特效拖至时间线窗口中的Video1轨道"脸谱.tga"素材上。在时间线窗口中将时间指针调整至00:00:02:00处。在【Effect Controls】面板中单击"Hue"前面的 按钮，记录关键帧，如图8-5所示。

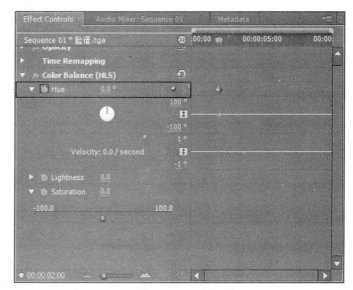

图8-5 设置参数

07 在时间线窗口中将时间指针调整至00:00:02:02处。在【Effect Controls】面板中设置"Hue"参数为125.5，添加关键帧，如图8-6所示。

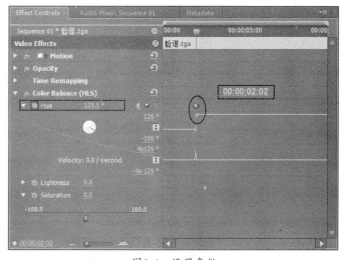

图8-6 设置参数

08 在时间线窗口中拖动时间线指针于00:00:00:00至00:00:02:02范围内，通过监视器窗口观察图像变化，如图8-7所示。

图8-7　预览画面

09 在时间线窗口中将时间指针调整至00:00:05:00处。在【Effect Controls】面板中单击"Hue"后面的 ⬤ 按钮，添加关键帧，如图8-8所示。

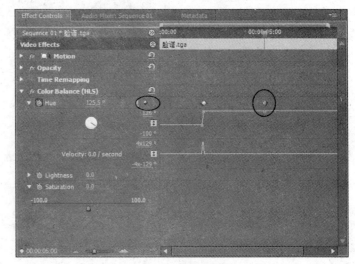

图8-8　设置参数

10 在时间线窗口中将时间指针调整至00:00:05:02处。在【Effect Controls】面板中调整"Hue"参数为239.5，添加关键帧，如图8-9所示。

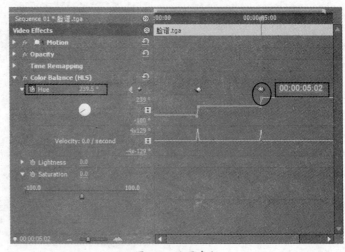

图8-9　设置参数

**11** 在时间线窗口中拖动时间
线指针于00:00:05:00至
00:00:05:02范围内，通
过监视器窗口观察图像变
化，如图8-10所示。

图8-10　预览画面

**12** 在时间线窗口中将时间指
针调整至00:00:08:00处。
在【Effect Controls】面板
中单击"Hue"后面的 按钮，添加关键帧，如图
8-11所示。

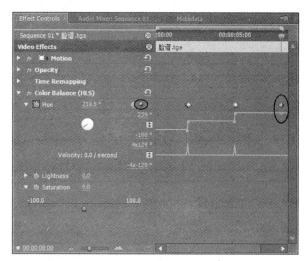

图8-11　设置参数

**13** 在时间线窗口中将时间指
针调整至00:00:08:02处。
在【Effect Controls】面
板中调整"Hue"参数为
239.5，添加关键帧，如图
8-12所示。

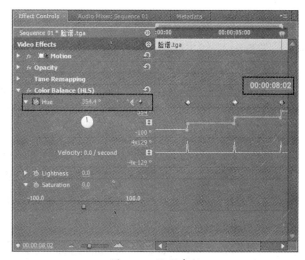

图8-12　设置参数

14 在时间线窗口中拖动时间线指针于00:00:08:00至00:00:08:02范围内，通过监视器窗口观察图像变化，如图8-13所示。

图8-13 预览画面

15 至此"变脸"已经制作完成，保存文件。按键盘上的空格键进行预览，视频截图效果如图8-14所示。

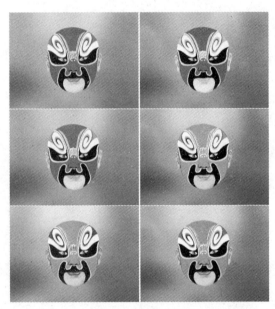

图8-14 预览画面

16 执行菜单栏中的【File】/【Export】/【Media】命令，在弹出的【Export Settings】对话框中设置文件格式及保存路径，如图8-15所示。

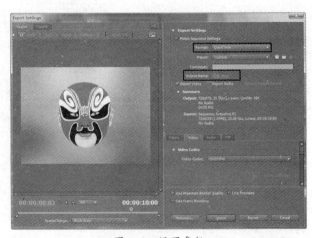

图8-15 设置参数

17 单击对话框中的 Queue 按钮，打开【Adobe Media Encoder】对话框，如图8-16所示。

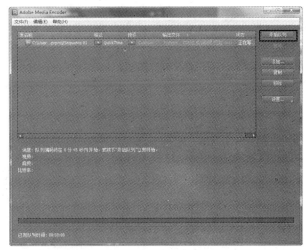

图8-16 设置参数

18 单击 开始队列 按钮，开始生成视频文件，如图8-17所示。

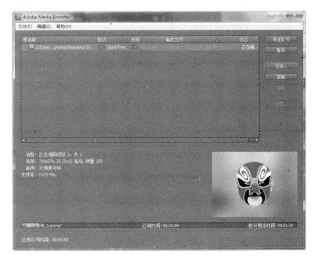

图8-17 设置参数

19 等待稍许时间，待状态栏中出现绿色对勾标识说明文件已经生成完毕，如图8-18所示。

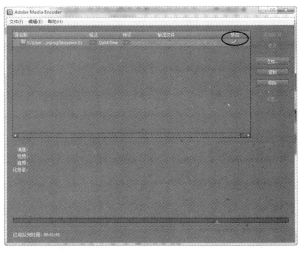

图8-18 生成文件

# 8.2 实例：修改照片（模糊与锐化类特效的应用）

**操作步骤**

01 双击 Pr 按钮，启动 Premiere Pro CS5应用程序，建立一个新的项目文件"修改照片"。

02 执行菜单栏中【File】/【Import】命令，打开【Import】对话框，在"素材/第8课"文件夹中选中"SW101.mov"文件，将它们导入Premiere项目窗口中，如图8-19所示。

图8-19 导入素材

03 在项目窗口中选择"SW101.mov"素材，将其拖动到时间线窗口中的Video1轨道上，如图 8-20所示。

图8-20 将素材拖至时间线窗口

04 为了使画面在饱和度、颜色、清晰度等方面都有提高，在下面将为素材添加一些视频特效。

05 单击软件界面左下方的【Effects】/【Video Effects】/【Adjust】选项，选择【Auto Contrast】自动对比度视频特效，如图 8-21 所示。

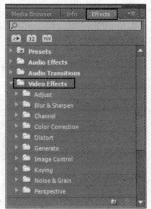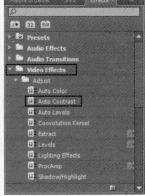

图8-21 选择视频特效

**06** 将该视频特效拖至时间线窗口中的Video1轨道"SW101.mov"素材上。在【Effect Controls】面板中可以看到当前的默认参数，如图8-22所示。

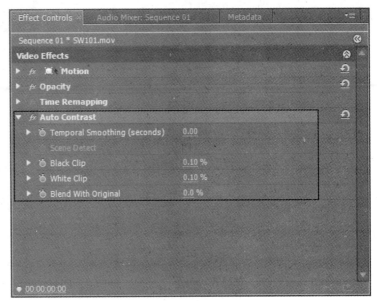

图8-22　设置参数

**07** 在监视器窗口中观察添加【Auto Contrast】视频特效后画面的变化，如图8-23所示。

添加自动对比度视频特效前的素材　　添加自动对比度视频特效后的素材

图8-23　添加视频特效前后的对比

**08** 单击软件界面左下方的【Effects】/【Video Effects】/【Adjust】选项，选择【Auto Color】自动颜色视频特效，如图8-24所示。

图8-24　选择视频特效

09 将该视频特效拖至时间线窗口中的 Video1 轨道"SW101.mov"素材上。在【Effect Controls】面板中可以看到当前的默认参数，如图 8-25 所示。

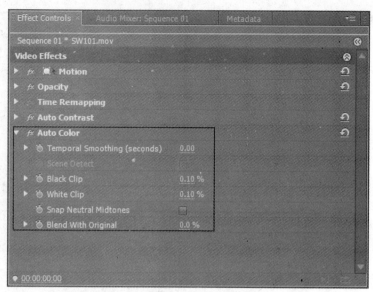

图8-25　设置参数

10 在监视器窗口中观察添加【Auto Color】视频特效后画面的变化，如图8-26所示。

添加自动颜色前的素材　　　　添加自动颜色后的素材

图8-26　添加视频特效前后的对比

11 单击软件界面左下方的【Effects】/【Video Effects】/【Blur&Sharpen】选项，选择【Sharpen】锐化视频特效，如图 8-27 所示。

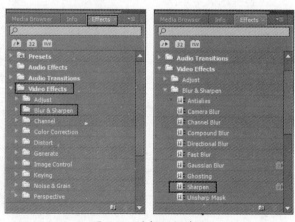

图8-27　选择视频特效

12 将该视频特效拖至时间线窗口中的Video 1轨道"SW101.mov"素材上。在【Effect Controls】面板中设置"Sharpen Amount"的参数为10，如图8-28所示。

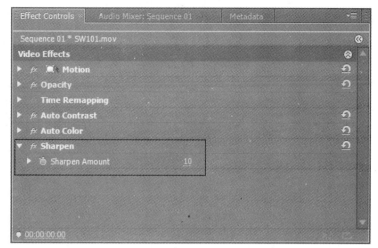

图8-28 设置参数

13 在监视器窗口中观察添加【Sharpen】视频特效后画面的变化，如图8-29所示。

添加锐化特效前的素材　　　　添加锐化特效后的素材

图8-29 添加视频特效前后的对比

14 至此"修改照片"已经制作完成，保存文件。图8-30所示为整个实例过程的全部效果。

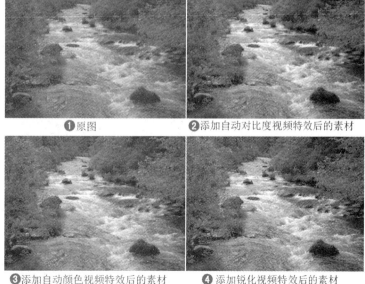

❶原图　　　　❷添加自动对比度视频特效后的素材

❸添加自动颜色视频特效后的素材　　　　❹添加锐化视频特效后的素材

图8-30 画面对比

15 执行菜单栏中的【File】/【Export】/【Media】命令，在弹出的【Export Settings】对话框中设置文件格式及保存路径，如图8-31所示。

16 单击对话框中的 Queue 按钮，打开【Adobe Media Encoder】对话框，单击 开始队列 按钮，开始生成视频文件。等待稍许时间，待状态栏中出现绿色对勾标识说明文件已经生成完毕。

图8-31　设置参数

# 8.3　实例：水墨山水（风格化特效的应用）

操 作 步 骤

01 双击 Pr 按钮，启动Premiere Pro CS5应用程序，建立一个新的项目文件"水墨山水"。

02 执行菜单栏中【File】/【Import】命令，打开【Import】对话框，在"素材/第8课"文件夹中选中"SW110.mov"文件，将其导入Premiere项目窗口中，如图8-32示。

图8-32　导入素材

03 在项目窗口中选择"SW110.mov"素材，将其拖动到时间线窗口中的Video1轨道上，如图8-33所示。

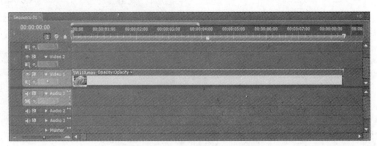

图8-33　将素材拖至时间线窗口

**04** 单击软件界面左下方的【Effects】/【Video Effects】/【Color Correction】选项，选择【Tint】染色视频特效，如图8-34所示。

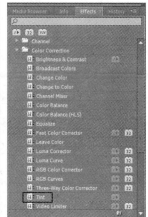

图8-34 选择视频特效

**05** 将该视频特效拖至时间线窗口中的Video1轨道"SW110.mov"素材上。在【Effect Controls】面板中可以看到当前的默认参数，如图8-35所示。

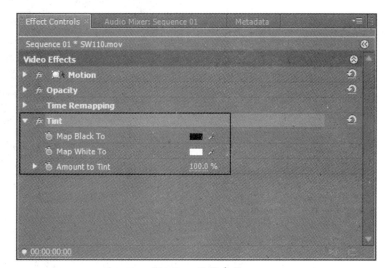

图8-35 设置参数

**06** 在监视器窗口中观察添加【Tint】视频特效后画面的变化，由彩色变为黑白色，如图8-36所示。

添加染色视频特效前的素材　　添加染色视频特效后的素材

图8-36 添加视频特效前后的对比

07　单击软件界面左下方的【Effects】/【Video Effects】/【Color Correction】选项，选择【Brightness&Contrast】亮度对比度视频特效，如图8-37所示。

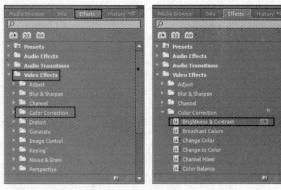

图8-37　选择视频特效

08　将该视频特效拖至时间线窗口中的Video1轨道"SW110.mov"素材上。在【Effect Controls】面板中设置"Brightness"参数为20.0；设置"Contrast"参数为40.0，如图8-38所示。

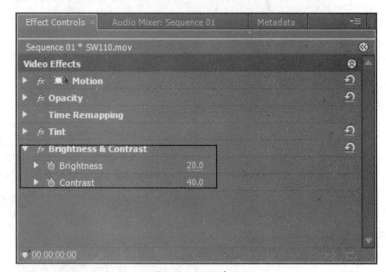

图8-38　设置参数

09　在监视器窗口中观察添加【Brightness&Contrast】视频特效后画面变得比较有亮度，如图8-39所示。

添加亮度对比度视频特效前的素材　　添加亮度对比度视频特效后的素材

图8-39　添加视频特效前后的对比

10　在项目窗口中选择"SW110.mov"素材，将其拖动到时间线窗口中的Video2轨道上，如图8-40所示。

图8-40　将素材拖至时间线窗口

11 单击软件界面左下方的【Effects】/【Video Effects】/【Color Correction】选项，选择【Brightness&Contrast】"亮度&对比度"视频特效，如图8-41所示。

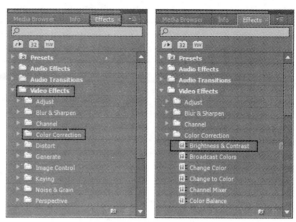

图8-41 选择视频特效

12 将该视频特效拖至时间线窗口中的Video2轨道"SW110.mov"素材上。在【Effect Controls】面板中设置"Brightness"参数为70.0；设置"Contrast"参数为100.0，如图8-42所示。

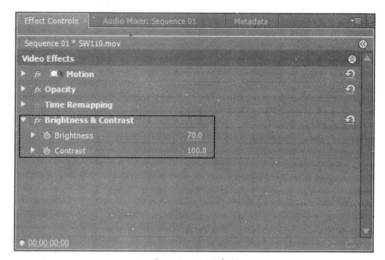

图8-42 设置参数

13 在监视器窗口中观察添加【Brightness&Contrast】视频特效后画面亮度变得很高，这是为后面的操作打下基础，如图8-43所示。

添加亮度对比度视频特效前的素材　　添加亮度对比度视频特效后的素材

图8-43 添加视频特效前后的对比

14 继续添加特效，单击软件
界面左下方的【Effects】
/【Video Effects】/
【Blur&Sharpen】选项，
选择【Fast Blur】"快
速模糊"视频特效，如图
8-44所示。

图8-44 选择视频特效

15 将该视频特效拖至时间
线窗口中的Video2轨道
"SW110.mov"素材上。
在【Effect Controls】面板
中设置"Blurriness"的参
数为5.0，如图8-45所示。

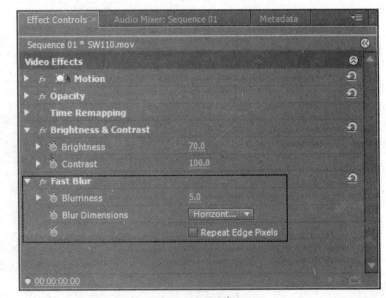

图8-45 设置参数

16 在监视器窗口中观察添加
【Fast Blur】视频特效后的
画面变得模糊，如图 8-46
所示。

添加快速模糊视频特效前的素材　　　　添加快速模糊视频特效后的素材

图8-46 添加视频特效前后的对比

**17** 单击软件界面左下方的【Effects】/【Video Effects】/【Channel】选项，选择【Blend】深色混合视频特效，如图8-47所示。

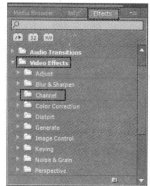

图8-47　选择视频特效

**18** 将该视频特效拖至时间线窗口中的Video2轨道"SW110.mov"素材上。在【Effect Controls】面板中将"Blend With Layer"参数设置为Video1；设置"Mode"参数为Darken；设置"Blend With Original"参数为20.0，如图8-48所示。

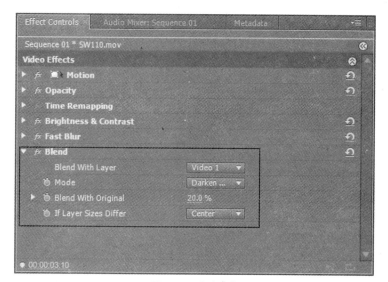

图8-48　设置参数

**19** 在监视器窗口中观察添加【Blend】视频特效后画面的变化，如图8-49所示。

添加深色混合视频特效前的素材　　添加深色混合视频特效后的素材

图8-49　添加视频特效前后的对比

20 单击软件界面左下方的【Effects】/【Video Effects】/【Color Correction】选项，选择【Tint】染色视频特效，如图8-50所示。

图8-50 选择视频特效

21 将该视频特效拖至时间线窗口中的Video1轨道"SW110.mov"素材上。在【Effect Controls】面板中可以看到当前的默认参数，如图8-51所示。

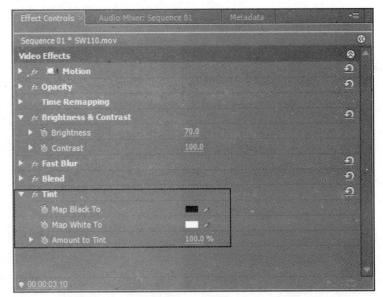

图8-51 设置参数

22 在监视器窗口中观察添加【Tint】视频特效后画面的变化，由彩色变为黑白色，如图8-52所示。

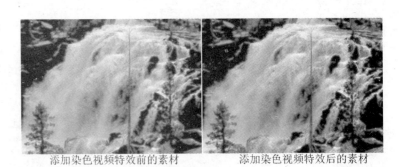

添加染色视频特效前的素材　　　　添加染色视频特效后的素材

图8-52 添加视频特效前后的对比

23 至此"水墨山水"已经制作完成，保存文件。图8-53所示为实例过程的全部效果。

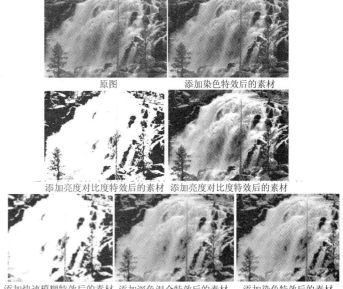

原图　　　　　添加染色特效后的素材

添加亮度对比度特效后的素材　添加亮度对比度特效后的素材

添加快速模糊特效后的素材　添加深色混合特效后的素材　添加染色特效后的素材

图8-53　画面对比

24 执行菜单栏中的【File】/【Export】/【Media】命令，在弹出的【Export Settings】对话框中设置文件格式及保存路径，如图8-54所示。

25 单击对话框中的 Queue 按钮，打开【Adobe Media Encoder】对话框，单击 开始队列 按钮，开始生成视频文件。等待稍许时间，待状态栏中出现绿色对勾标识说明文件已经生成完毕。

图8-54　设置参数

# 8.4 实例：秋之丰硕（调色特效的应用）

操 作 步 骤

01 双击 Pr 按钮，启动Premiere Pro CS5应用程序，建立一个新的项目文件"秋之丰硕"。

02 执行菜单栏中【File】/【Import】命令，打开【Import】对话框，在"素材/第8课"文件夹中选中"稻田.mov"文件，将其导入Premiere项目窗口中，如图8-55所示。

图8-55　导入素材

03 在项目窗口中选择"稻田.mov"素材，将其拖动到时间线窗口中的Video1轨道上，如图8-56所示。

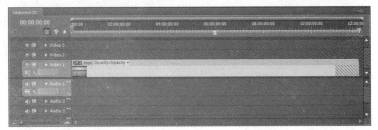

图8-56　将素材拖至时间线窗口

04 在时间线窗口中将时间指针调整至00:00:20:00处，待出现▦时，按住鼠标左键向左拖动至时间指针处，如图8-57所示，并松开鼠标左键调整素材长度。

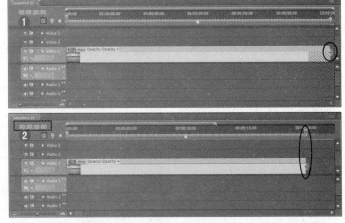

图8-57　调整素材的长度

05 导入的素材在颜色上不相符合，可以通过调整颜色来实现一致。单击软件界面左下方的【Effects】/【Video Effects】/【Color Correction】选项，选择【Luma Curve】"亮度曲线"视频特效，如图8-58所示。

图8-58　选择视频特效

**06** 将【Luma Curve】视频特效拖到Video1轨道素材上。在【Effect Controls】面板中打开"Luma Curve"可以看到默认参数，如图8-59所示。

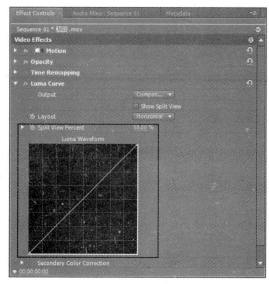

图8-59 设置参数

**07** 在面板的"Split View Percent"/"Luma Waveform"图中单击鼠标左键并向上拖动，如图8-60所示，松开鼠标确定调整的位置。

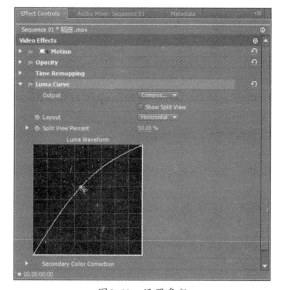

图8-60 设置参数

**08** 在监视器窗口中观察添加【Luma Curve】视频特效后画面的变化，如图8-61所示。

添加特效前后的对比

图8-61 画面对比

09 单击软件界面左下方的【Effects】/【Video Effects】/【Color Correction】选项，选择【Color Balance】"色彩平衡"视频特效，如图8-62所示。

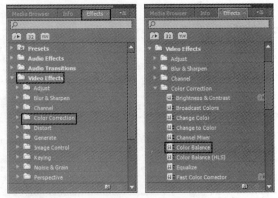

图8-62　选择视频特效

10 将【Color Balance】视频特效拖到Video1轨道素材上。在【Effect Controls】面板中打开"Color Balance""设置阴影色"参数，如图8-63所示。

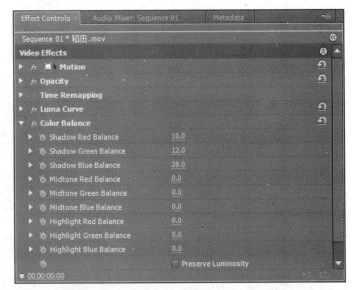

图8-63　设置参数

11 在监视器窗口中观察调整阴影色参数前后的画面变化，如图8-64所示。

添加特效前后的对比

图8-64　画面对比

12 在【Effect Controls】面板中"Color Balance"项下调整中间色参数，如图8-65所示。

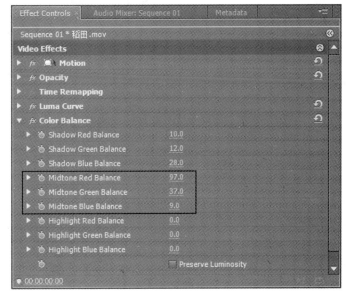

图8-65 设置参数

13 在监视器窗口中观察调整中间色参数前后的画面变化，如图8-66所示。

添加特效前后的对比

图8-66 画面对比

14 在【Effect Controls】面板中"Color Balance"项下调整高光色参数，如图8-67所示。

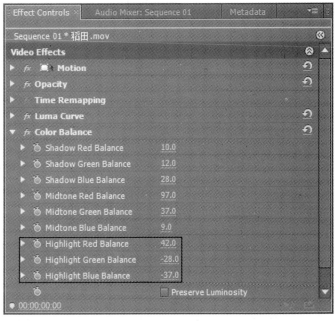

图8-67 设置参数

15 在监视器窗口中观察调整中间色参数前后的画面变化，如图8-68所示。

添加特效前后的对比

图8-68 画面对比

16 至此"秋之丰硕"已经制作完成，保存文件。图8-69所示为整个实例过程的效果。

原图　　　　　添加亮度曲线特效后的素材

调整阴影色后的素材　　调整中间色后的素材　　调整高光后的素材

图8-69 画面对比

17 执行菜单栏中的【File】/【Export】/【Media】命令，在弹出的【Export Settings】对话框中设置文件格式及保存路径，如图8-70所示。

18 单击对话框中的 Queue 按钮，打开【Adobe Media Encoder】对话框，单击 开始队列 按钮，开始生成视频文件。等待稍许时间，待状态栏中出现绿色对勾标识说明文件已经生成完毕。

图8-70 设置参数

# 8.5 实例：水中倒影（变形特效的应用）

操作步骤

01 双击 Pr 按钮，启动 Premiere Pro CS5 应用程序，建立一个新的项目文件"水中倒影"。

02 执行菜单栏中【File】/【Import】命令，打开【Import】对话框，在"素材 / 第 8 课"文件夹中选中"碧波荡漾 .mov"文件，将其导入 Premiere 项目窗口中，如图 8-71 所示。

图8-71　导入素材

03 在项目窗口中选择"碧波荡漾 .mov"素材，将其拖动到时间线窗口中的 Video1 轨道上，如图8-72 所示。

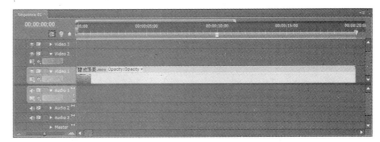

图8-72　将素材拖至时间线窗口

04 在时间线窗口中将时间指针调整至00:00:05:00处，待出现▓时，按住鼠标左键向左拖动至时间指针处，如图8-73所示，松开鼠标左键调整素材长度。

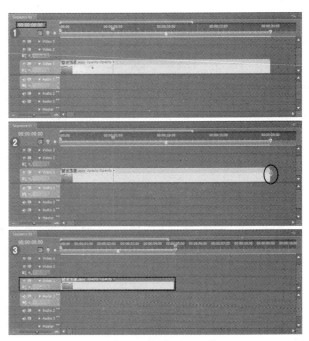

图8-73　调整素材的长度

**05** 执行菜单栏中【File】/【Import】命令，打开【Import】对话框，在"素材/第8课"文件夹中选中"飞花.mov"文件，将其导入Premiere项目窗口中，如图8-74所示。

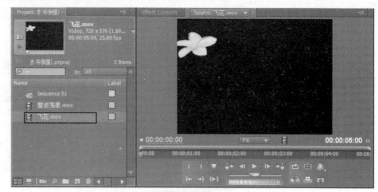

图8-74 导入素材

**06** 在项目窗口中选择"飞花.mov"素材，将其拖动到时间线窗口中的Video2轨道上，如图8-75所示。

图8-75 将素材拖至时间线窗口

**07** 在【Effect Controls】面板中设置"Opacity"参数为50.0，设置"Blend Mode"参数为"Lighten"，如图8-76所示。

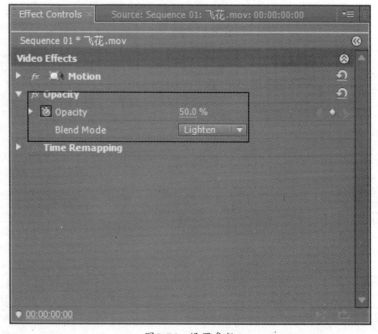

图8-76 设置参数

**08** 单击软件界面左下方的【Effects】/【Video Effects】/【Distort】选择，选择【Mirror】镜像视频特效，如图8-77所示。

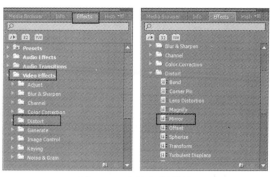

图8-77 选择视频特效

**09** 将【Mirror】视频特效拖到Video 2轨道素材上。在【Effect Controls】面板中设置"Mirror"下"Reflection Angle"参数为90.0，如图8-78所示。

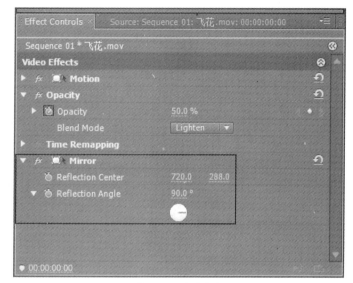

图8-78 设置参数

**10** 此时观察节目监视器窗口中的画面，如图8-79所示。

图8-79 监视器窗口中的素材

**11** 在项目窗口中再次选择"飞花.mov"素材,将其拖动到时间线窗口中的Video3轨道上,如图8-80所示。

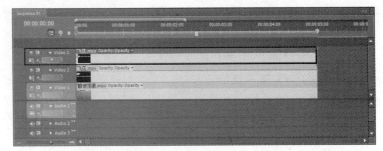

图8-80 将素材拖至时间线窗口

**12** 在【Effect Controls】面板中设置"Opacity"下"Blend Mode"参数为"Lighten",如图8-81所示。

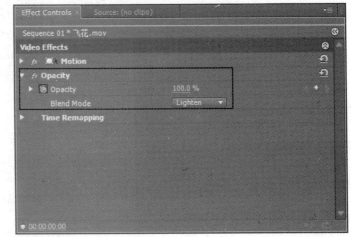

图8-81 设置参数

**13** 至此"水中倒影"已经制作完成,保存文件。按键盘上的空格键进行预览,视频截图效果如图8-82所示。

图8-82 视频截图

14 执行菜单栏中的【File】/【Export】/【Media】命令，在弹出的【Export Settings】对话框中设置文件格式及保存路径，如图8-83所示。

图8-83　设置参数

15 在【Export Settings】对话框中单击 Export 按钮，开始生成文件，如图8-84所示。

图8-84　开始生成文件

# 8.6 实例：乌云闪电（调色插件的运用）

操 作 步 骤

01 双击 Pr 按钮，启动Premiere Pro CS5应用程序，建立一个新的项目文件"乌云闪电"。

02 执行菜单栏中【File】/【Import】命令，打开【Import】对话框，在"素材/第8课"文件夹中选中"乌云.mov"文件，将其导入Premiere项目窗口中，如图8-85所示。

图8-85　导入素材

03 在项目窗口中选择"乌云
.mov"素材,将其拖动到
时间线窗口中的Video1轨
道上,如图8-86所示。

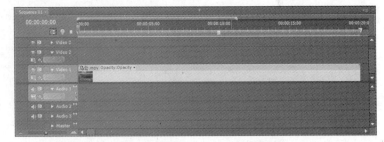

图8-86 将素材拖至时间线窗口

04 在时间线窗口中将时间指
针调整至00:00:10:00处,
调整素材长度至图8-87所
示的位置。

图8-87 调整素材的长度

05 单击软件界面左下方
的【Effects】/【Video
Effects】/【Color
Correction】选项,选择
【Brightness&Contrast】
"亮度&对比度"视频特
效,如图8-88所示。

图8-88 选择视频特效

06 将【Color Correction】视频
特效拖到Video1轨道素材
上。在【Effect Controls】面
板中设置"Brightness"参
数为 -20.0;设置"Contrast"
参数为15.0,如图8-89所示。

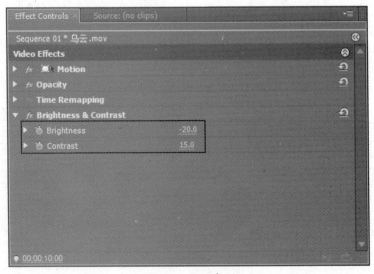

图8-89 设置参数

07 在节目频监视器窗口中观察增加亮度、对比度后的图像变化，如图8-90所示。

添加亮度对比度前后的效果

图8-90 效果对比

08 单击软件界面左下方的【Effects】/【Video Effects】/【Generate】选项，选择【Lightning】闪电视频特效，如图8-91所示。

图8-91 选择视频特效

09 将【Lightning】视频特效拖到Video1轨道素材上。在节目监视器窗口中观察画面变化，如图8-92所示。

图8-92 添加闪电视频特效后的画面

10 在【Effect Controls】面板
中设置 "Lightning" 项下
的参数，如图 8-93 所示。

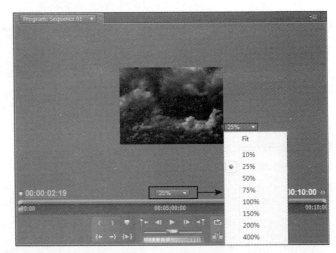

图8-93　设置参数

11 在节目监视器窗口中将显
示大小设置为25%，如图
8-94所示。

图8-94　设置显示大小

12 在【Effect Controls】面板
中单击 "Lightning" 视频
特效，在节目监视器窗口
中观察画面中出现闪电的
起始点，如图8-95所示。

图8-95　闪电起始点

**13** 在节目监视器窗口中将闪
电的起点拖至图8-96所示
的位置,制作闪电效果。

图8-96　调整闪电起点位置

**14** 利用同样的方法调整闪电终
点的位置,如图 8-97 所示。

图8-97　调整闪电终点位置

**15** 在时间线窗口中调整时间
指针至00:00:02:24处,在
【Effect Controls】面板中
单击"Lightning" / "End
Point"前的 按钮,记录
关键帧,如图8-98所示。

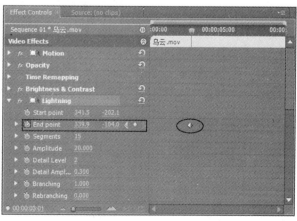

图8-98　记录关键帧

16 在时间线窗口中调整时间指针至 00:00:03:09 处，在【Effect Controls】面板中设置闪电终点的位置，添加关键帧，如图 8-99 所示。

图8-99　添加关键帧

17 在时间线窗口中调整时间指针至 00:00:03:20 处，在【Effect Controls】面板中设置闪电终点的位置，添加关键帧，如图 8-100 所示。

图8-100　添加关键帧

18 在时间线窗口中调整时间指针至 00:00:06:00 处，在【Effect Controls】面板中单击 "Lightning" / "End Point" 的 按钮，添加关键帧，如图 8-101 所示。

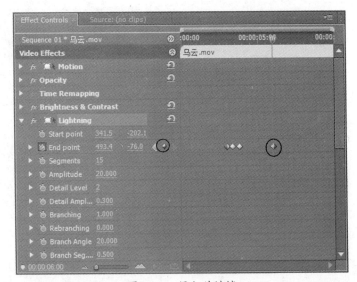

图8-101　添加关键帧

19 在时间线窗口中调整时间指针至 00:00:06:10 处，在【Effect Controls】面板中设置闪电终点的位置，添加关键帧，如图 8-102 所示。

图 8-102　添加关键帧

20 在时间线窗口中调整时间指针至 00:00:06:20 处，在【Effect Controls】面板中设置闪电终点的位置，添加关键帧，如图 8-103 所示。

图8-103 添加关键帧

21 在节目监视器窗口中将显示大小设置为 25%，如图 8-104 所示。

图8-104 设置显示大小

22 至此"乌云闪电"已经制作完成，保存文件。按键盘上的空格键进行预览，视频截图效果如图 8-105 所示。

图8-105 视频截图

23 执行菜单栏中的【File】/【Export】/【Media】命令，在弹出的【Export Settings】对话框中设置文件格式及保存路径，如图 8-106 所示。

图8-106 设置参数

**24** 在【Export Settings】对
话框中单击 Export 按
钮，开始生成视频文件，
如图8-107所示。

图8-107 开始生成文件

# 【课后练习】 流逝的岁月

　　使用Premiere Pro CS5可以制作老照片的效果，首先将素材转换为黑白效果，然后使用调色特效将素材调成陈旧的黄色，为了增加真实感，还可以使用特效添加噪点。

# 第9课
# 抠像

拍摄播报新闻时往往是一种单纯的蓝色或绿色背景，而在剪辑时可以将这种单色背景抠掉并替换成动态的视频画面，这就是抠像。抠像是影视剪辑中的一项重要技术，在新闻播报和大型影视制作中经常用到。

## 【本课知识】

1. 抠像在影视中的应用
2. 使用蓝屏抠像
3. Alpha通道在Premiere中的应用
4. 使用颜色抠像
5. Track Matte Key的应用
6. 抠像综合运用

# 9.1 实例：静静的河水（抠像在影视中的应用）

通过蒙版、Alpha通道、抠像特效滤镜等手段，达到将两个或两个以上图层或视轨重叠的效果。这个效果可以得到很多意想不到的特效，如人在空中飞舞、高空特技等效果。抠像是影视制作中常用的技术，有蓝屏抠像、颜色抠像、键控抠像等。

抠像的好坏，一方面取决于前期人物、背景、灯光等的准备和拍摄的源素材，另外一方面就要依赖后期合成制作中的"抠像"技术了。

**操作步骤**

**01** 双击 **Pr** 按钮，启动 Premiere Pro CS5应用程序。在对话框中选择【New Project】，在弹出的【New Project】对话框中为新建的文件指定路径，并将新项目命名为"静静的河水"，如图9-1所示。

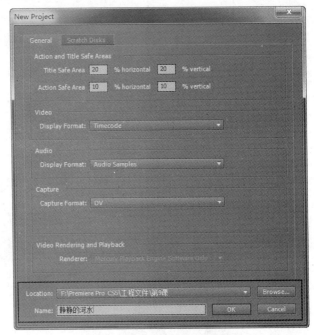

图9-1 【New Project】对话框

**02** 单击 **OK** 按钮，在【New Sepuence】对话框中选择【HDV】项下的"HDV#720p25"的高清模式，为新序列命名为"静静的河水"，如图9-2所示。

图9-2 【New Sepuence】对话框

03 执行菜单栏中【File】/
【Import】命令，打开
【Import】对话框，在"素
材/第9课"文件夹中选中
"静静的河水.tga"文件，
将它导入Premiere项目窗口
中，如图9-3所示。

图9-3 导入素材

04 在项目窗口中选择"静
静 的 河 水 .tga"素 材，将
其拖动到时间线窗口中的
Video1 轨道上，如图 9-4
所示。

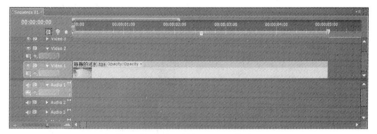

图9-4 将素材拖至时间线窗口

05 在时间线窗口中将时间指
针调整至00:00:02:14处，
调整素材长度至图9-5所示
的位置。

图9-5 调整素材的长度

06 此时在节目监视器窗口中
出现导入的"静静的河水"
的图片，如图 9-6 所示。

图9-6 节目监视器窗口

07 利用同样的方法将"素材/
第9课"文件夹中选中"喷
泉.mov"文件，并导入到
Premiere项目窗口中，如
图9-7所示。

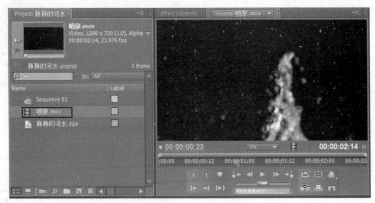

图9-7　导入素材

08 在项目窗口中选择"喷泉
.mov"素材，将其拖动到
时间线窗口中的Video2轨
道上，如图9-8所示。

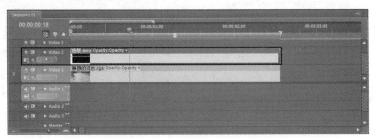

图9-8　将素材拖至时间线窗口

09 本实例为抠像实例，因为
"喷泉.mov"文件是有
Alpha通道的，如图9-9所
示。所以在这里不需要再
进行处理，导入文件的黑
色部分就自动透掉了。

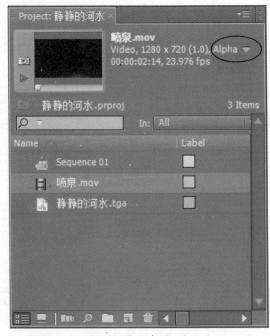

图9-9　导入素材面板

10 至此"静静的河水"已经制作完成，保存文件。在节目监视器窗口中浏览画面，如图9-10所示。

图9-10 浏览画面

11 执行菜单栏中的【File】/【Export】/【Media】命令，在弹出的【Export Settings】对话框中设置输出高清.mpg格式的文件及保存路径，如图9-11所示。

图9-11 设置参数

12 在【Export Settings】对话框中单击 Export 按钮，开始生成视频文件，如图9-12所示。

图9-12 开始生成文件

# 9.2 实例：影视播报（使用蓝屏抠像）

不光一些电影大片的制作利用了蓝屏抠像技术，现在很多电视广告、MTV的制作也应用了大量的"多层画面合成"技术，这些都是利用了不同轨道中的透明信息原理来实现的，可见对抠像的理解与应用非常重要。

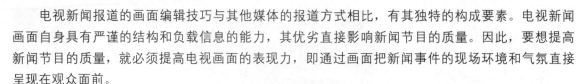

电视新闻报道的画面编辑技巧与其他媒体的报道方式相比,有其独特的构成要素。电视新闻画面自身具有严谨的结构和负载信息的能力,其优劣直接影响新闻节目的质量。因此,要想提高新闻节目的质量,就必须提高电视画面的表现力,即通过画面把新闻事件的现场环境和气氛直接呈现在观众面前。

**操 作 步 骤**

01 双击 按钮,启动Premiere Pro CS5应用程序,建立一个新的高清项目文件"影视播报"。

02 执行菜单栏中【File】/【Import】命令,打开【Import】对话框,在"素材/第9课"文件夹中选中"航拍城市.mov"文件,将它导入Premiere项目窗口中,如图9-13所示。

图9-13 导入素材

03 在项目窗口中选择"航拍城市.mov"素材,将其拖动到时间线窗口中的Video1轨道上,如图9-14所示。

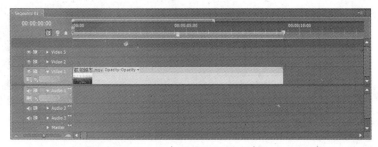

图9-14 将素材拖至时间线窗口

04 执行菜单栏中【File】/【Import】命令,打开【Import】对话框,在"素材/第9课"文件夹中选中"主持人.tga"文件,将它导入Premiere项目窗口中,如图9-15所示。

图9-15 导入素材

**05** 在项目窗口中选择"主持人.tga"素材，将其拖动到时间线窗口中的Video2轨道上，如图9-16所示。

图9-16　将素材拖至时间线窗口

**06** 此时可以看到节目监视器窗口中的图像是图9-17所示的样子，Video2轨道上素材已经覆盖在Video1轨道素材的上面。

图9-17　浏览画面

**07** 下面要进行抠像处理，"主持人"素材很好地叠加到"航拍城市"素材的上面。

**08** 单击软件界面左下方的【Effects】/【Video Effects】/【Keying】选项，选择【Blue Screen Key】"蓝屏色键"视频特效，如图9-18所示。

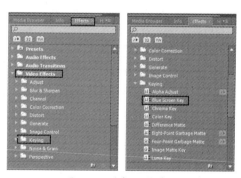

图9-18　选择视频特效

**09** 将【Blue Screen Key】视频特效拖到Video2轨道素材上。在节目监视器窗口中可以看到衣服处的图像也被透明处理了，如图9-19所示。

图9-19　浏览画面

10 在【Effect Controls】面板中设置"Blue Screen"/"Cutoff"参数为30.0，如图9-20所示。

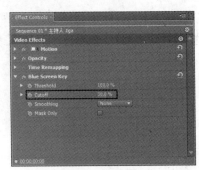

图9-20　设置参数

11 调整参数后，在节目监视器窗口中可以看到画面有了变化，如图9-21所示。

图9-21　浏览画面

12 为了使画面更加丰富一些，下面要添加一些文字。执行【File】/【New】/【Title】命令，新建一个文字层。在弹出的对话框中设置名字为"字幕"，单击 OK 按钮，如图9-22所示，并关闭对话框。

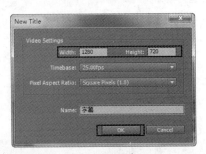

图9-22　设置参数

13 在弹出的【文字编辑框】中单击字幕窗口左边工具栏中的 T 按钮，在图9-23所示的位置单击鼠标左键，确定输入文字的位置，并设置合适的文字大小及字体。

图9-23　文字编辑框

14 关闭对话框并保存设置。
在项目窗口中选择"字
幕"素材，将其拖动到时
间线窗口中的Video3轨道
上，并调整其长度与素材
相同，如图9-24所示。

图9-24 将素材拖至时间线窗口

15 在节目监视器窗口中观察
添加字幕后画面的效果，
如图9-25所示。

图9-25 浏览画面

16 本例"影视播报"已经
制作完成，保存文件。图
9-26 所示为整个实例过程
的全部效果。

图9-26 制作过程

17 执行菜单栏中的【File】
/【Export】/【Media】
命令，在弹出的【Export
Settings】对话框中设置输
出高清.mpg格式的文件及保
存路径，如图9-27所示。

图9-27 设置参数

18 在【Export Settings】对话框中单击 Export 按钮，开始生成视频文件，如图9-28所示。

图9-28　开始生成文件

# 9.3 实例：海上扁舟（Alpha通道在Premiere中的应用）

由红、绿、蓝三种通道组成的视频图像称为RGB图像，Alpha通道是RGB图像中的第四个通道，决定了图像的透明和透明部分。很多图形图像类软件，如Adobe Illustrator、Photoshop都能利用Alpha通道定义图像中的透明部分。

Premiere软件可以方便地处理这些带有Alpha通道的图像，这在处理透明区域时非常的方便。当然，并不是所有格式的图像都可以带Alpha通道，其中TGA、TIF、PSD等格式的图像是可以带Alpha通道。

**操作步骤**

01 双击 Pr 按钮，启动 Premiere Pro CS5 应用程序，建立一个新的高清项目文件"海上扁舟"。

02 执行菜单栏中【File】/【Import】命令，打开【Import】对话框，在"素材/第9课"文件夹中选中"碧海蓝天.tga"文件，将其导入Premiere项目窗口中，如图9-29示。

图9-29　导入素材

03 在项目窗口中选择"碧海蓝天.tga"素材，将其拖动到时间线窗口中的Video1轨道上，如图9-30所示。

图9-30　将素材拖至时间线窗口

**04** 此时节目监视器窗口中出现导入的"碧海蓝天"的图片，如图9-31所示。

图9-31　节目监视器窗口

**05** 利用同样的方法将"素材/第9课"文件夹中的"小船.tga"文件导入到Premiere项目窗口中，如图9-32所示。

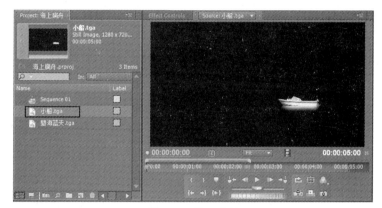

图9-32　导入素材

**06** 在项目窗口中选择"小船.tga"素材，将其拖动到时间线窗口中的Video2轨道上，如图9-33所示。

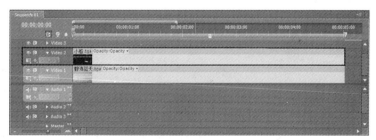

图9-33　将素材拖至时间线窗口

**07** "小船.tga"文件是有Alpha通道的，如图9-34所示。所以在这里不需要再进行处理，导入文件的背景部分就自动透掉了。

图9-34　导入素材面板

08  双击 Ps 按钮，启动 Photoshop CS5应用程序。执行菜单栏中【文件】/【打开】命令，打开"素材/第9课"文件夹中的"小船.tga"文件，如图9-35所示。

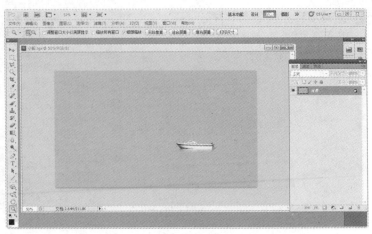

图9-35  打开文件

09  在Photoshop CS5单击"通道"面板，可以看到"小船.tga"文件是带有Alpha通道的，如图9-36所示。

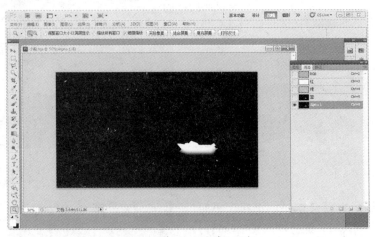

图9-36  打开"通道"面板

10  此时节目监视器窗口中的图像，如图9-37所示。

图9-37  节目监视器窗口

**11** 在时间线窗口中将时间指针放置在第0帧处，在【Effect Controls】面板中"Motion"下设置"Position"参数，并单击◎按钮，记录关键帧，如图9-38所示。

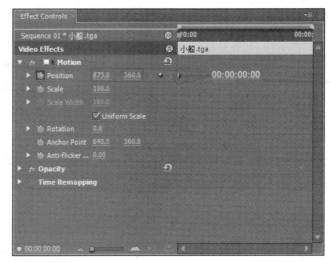

图9-38 设置参数

**12** 在时间线窗口中将时间指针调整至最后一帧，在【Effect Controls】面板中"Motion"下设置"Position"参数，添加关键帧，如图9-39所示。

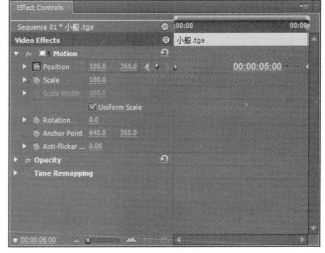

图9-39 设置参数

**13** 至此"海上扁舟"已经制作完成，保存文件。在节目监视器窗口中浏览画面，可以看到小船前行，如图9-40所示。

图9-40 浏览画面

14 执行菜单栏中的【File】/【Export】/【Media】命令，在弹出的【Export Settings】对话框中设置输出高清.mpg格式的文件及保存路径，如图9-41所示。

图9-41 设置参数

15 在【Export Settings】对话框中单击 Export 按钮，开始生成视频文件，如图9-42所示。

图9-42 开始生成文件

# 9.4 实例：宏伟的建筑（颜色抠像）

在电影、电视中经常可以看到人在高空中做着各种各样的特技。而实际上，演员只是在一个纯色背景前的相似位置上拍摄，然后在后期制作中将背景抠去，再重叠到高空中的背景上。下面所讲述的就是利用颜色抠像来处理画面。

**操作步骤**

01 双击 Pr 按钮，启动 Premiere Pro CS5 应用程序，建立一个新的高清项目文件"宏伟的建筑"。

02 执行菜单栏中【File】/【Import】命令，打开【Import】对话框，在"素材/第9课"文件夹中选中"流云.mov"文件，将其导入Premiere项目窗口中，如图9-43所示。

图9-43 导入素材

**03** 在项目窗口中选择"流云.mov"素材，将其拖动到时间线窗口中的Video1轨道上，如图9-44所示。

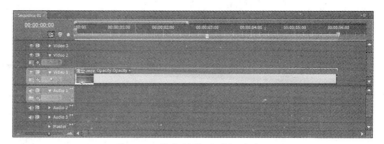

图9-44　将素材拖至时间线窗口

**04** 在时间线窗口中将时间指针调整至00:00:05:08处，待出现■时，按住鼠标左键向左拖动至时间指针处，如图9-45所示，松开鼠标左键调整素材长度。

图9-45　调整素材的长度

**05** 此时节目监视器窗口中出现导入的"流云"的素材，如图9-46所示。

图9-46　节目监视器窗口

06 在【Effect Controls】面
板中"Motion"下设置
"Position"参数，添加关
键帧，如图9-47所示。

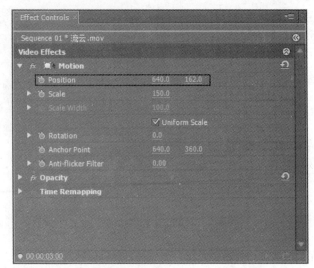

图9-47　设置参数

07 在监视器窗口中可以看到
调整位置后的"流云"，
如图9-48所示。

图9-48　节目监视器窗口

08 执行菜单栏中【File】/
【Import】命令，打开
【Import】对话框，在"素
材/第9课"文件夹中选中
"城市之上.mov"文件，
将它导入Premiere项目窗口
中，如图9-49所示。

图9-49　导入素材

09 在项目窗口中选择"城市之上.mov"素材，将其拖动到时间线窗口中的Video2轨道上，如图9-50所示。

图9-50 将素材拖至时间线窗口

10 导入"城市之上"素材后，在节目监视器窗口中的图像如图9-51所示。

图9-51 节目监视器窗口

11 单击软件界面左下方的【Effects】/【Video Effects】/【Keying】选项，选择【Color Key】色键视频特效，如图9-52所示。

图9-52 选择视频特效

12 将【Color Key】视频特效拖到Video2轨道素材上。在【Effect Controls】面板中设置"Color Key"的各项参数，如图9-53所示。

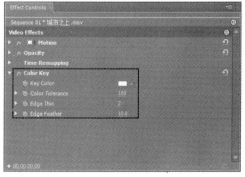

图9-53 设置参数

13 此时节目监视器窗口中的图
像如图9-54所示。

图9-54 节目监视器窗口

14 "宏伟的建筑"已经制作
完成，保存文件。在节目
监视器窗口中浏览画面，
如图9-55所示。

图9-55 浏览画面

15 执行菜单栏中的【File】/
【Export】/【Media】命令，
在弹出的【Export Settings】
对话框中设置输出高清
.mpg格式的文件及保存路
径，如图9-56所示。

图9-56 设置参数

16 在【Export Settings】对话框中单击 Export 按钮，开始生成视频文件，如图9-57所示。

图9-57　开始生成文件

# 9.5 实例：丝丝入扣 （Track Matte Key的应用）

操作步骤

01 双击 Pr 按钮，启动 Premiere Pro CS5 应用程序，建立一个新的高清项目文件"丝丝入扣"。

02 执行菜单栏中【File】/【Import】命令，打开【Import】对话框，在"素材/第9课"文件夹中选中"原野.tga"文件，将其导入Premiere项目窗口中，如图9-58所示。

图9-58　导入素材

03 在项目窗口中选择"原野.tga"素材，将其拖动到时间线窗口中的Video1轨道上，如图9-59所示。

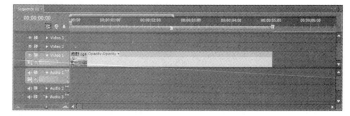

图9-59　将素材拖至时间线窗口

04 在时间线窗口中将时间指针调整至00:00:10:00处，待出现 时，按住鼠标左键向右拖动至时间指针处，如图9-60所示，松开鼠标左键调整素材长度。

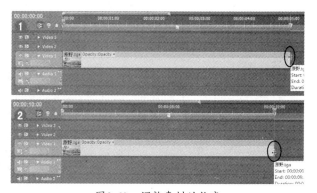

图9-60　调整素材的长度

05 执行菜单栏中【File】/【Import】命令，打开【Import】对话框，在"素材/第9课"文件夹中选中"精灵.tga"文件，将其导入Premiere项目窗口中，如图9-61所示。

图9-61 导入素材

06 在项目窗口中选择"精灵.tga"素材，将其拖动到时间线窗口中的Video2轨道上，如图9-62所示。

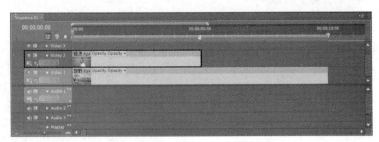

图9-62 将素材拖至时间线窗口

07 利用前面介绍的方法，在时间线窗口中调整Video2轨道上的素材，使其长度与Video1轨道上的素材长度一致，如图9-63所示。

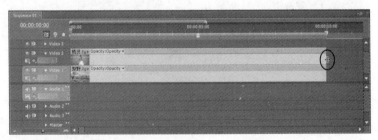

图9-63 调整素材的长度

08 导入"精灵.tga"素材后，在节目监视器窗口中的图像如图9-64所示。

图9-64 节目监视器窗口

09 单击软件界面左下方的【Effects】/【Video Effects】/【Keying】选项，选择【Chroma Key】"色度键"视频特效，如图9-65所示。

图9-65 选择视频特效

10 将【Chroma Key】视频特效拖到Video2轨道素材上。在【Effect Controls】面板中设置"Chroma Key"下的参数，如图9-66所示。

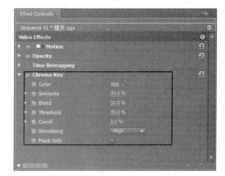

图9-66 设置参数

11 此时监视器窗口中的图像如图9-67所示。

图9-67 节目监视器窗口

12 本例"丝丝入扣"已经制作完成，保存文件。图9-68所示为整个实例过程的全部效果。

导入素材

导入素材　　　　　添加特效后的效果

图9-68 制作过程

图9-69　设置参数

13 执行菜单栏中的【File】/【Export】/【Media】命令，在弹出的【Export Settings】对话框中设置输出高清.mpg格式的文件及保存路径，如图9-69所示。

14 在【Export Settings】对话框中单击 Export 按钮，开始生成视频文件，如图9-70所示。

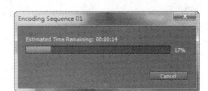

图9-70　开始生成文件

# 9.6　实例：熊熊火焰（抠像综合运用）

**操作步骤**

01 双击 Pr 按钮，启动Premiere Pro CS5应用程序，建立一个新的高清项目文件"熊熊火焰"。

02 执行菜单栏中【File】/【Import】命令，打开【Import】对话框，在"素材/第9课"文件夹中选中"枯草堆.tga"文件，将其导入Premiere项目窗口中，如图9-71所示。

图9-71　导入素材

03 在项目窗口中选择"原野.tga"素材，将其拖动到时间线窗口中的Video1轨道上，如图9-72所示。

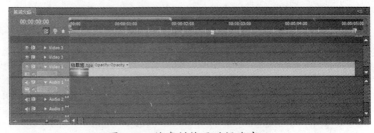

图9-72　将素材拖至时间线窗口

**04** 在时间线窗口中将时间指针调整至00:00:10:00处，待出现▓时，按住鼠标左键向右拖动至时间指针处，如图9-73所示，松开鼠标左键调整素材长度。

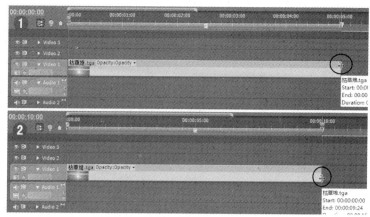

图9-73　调整素材的长度

**05** 执行菜单栏中【File】/【Import】命令，打开【Import】对话框，在"素材/第9课"文件夹中选中"爆破火焰.mov"文件和"爆破火焰M.mov"文件，将其导入Premiere项目窗口中，如图9-74所示。

图9-74　导入素材

**06** 在项目窗口中选择"爆破火焰.mov"素材，将其拖动到时间线窗口中的Video2轨道上，如图9-75所示。

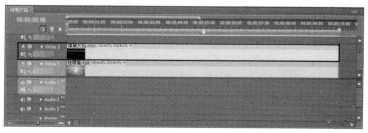

图9-75　将素材拖至时间线窗口

07 导入"爆爆火焰.mov"素材后，此时在节目监视器窗口中的图像如图9-76所示。

图9-76 节目监视器窗口

08 在项目窗口中选择"爆破火焰M.mov"素材，将其拖动到时间线窗口中的Video3轨道上，如图9-77所示。

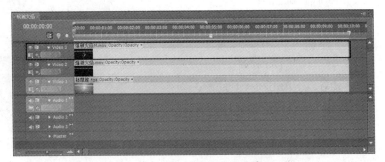

图9-77 将素材拖至时间线窗口

09 导入"爆破火焰M.mov"素材后，此时节目监视器窗口中的图像如图9-78所示。

图9-78 节目监视器窗口

10 单击软件界面左下方的
【Effects】/【Video Effects】
/【Keying】选项,选择【Track
Matte Key】轨道遮罩视频
特效,如图 9-79 所示。

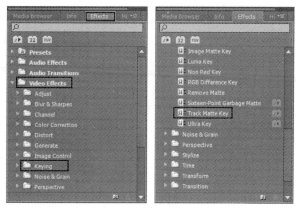

图9-79 选择视频特效

11 将【Track Matte Key】视
频 特 效 拖 到 Video2 轨
道 素 材 上。 在【Effect
Controls】面板中 "Track
Matte Key" 下调整参数,
如图 9-80 所示。

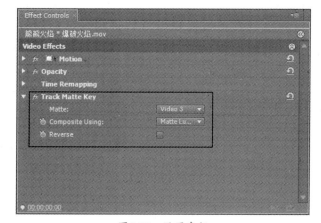

图9-80 设置参数

12 调整参数后,此时在节目
监视器窗口中的图像如图
9-81所示。

图9-81 节目监视器窗口

13 单击软件界面左下方的【Effects】/【Video Effects】/【Color Correction】选项，选择【Brightness&Contrast】"亮度&对比度"视频特效，如图9-82所示。

图9-82 选择视频特效

14 将【Brightness&Contrast】视频特效拖到Video3轨道素材上。在【Effect Controls】面板中"Brightness&Contrast"下设置参数，使图像边缘更加柔和，如图9-83所示。

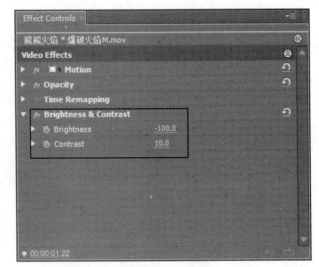

图9-83 设置参数

15 调整参数后，此时在节目监视器窗口中的图像如图9-84所示。

图9-84 节目监视器窗口

**16** 至此"熊熊火焰"已经制作完成，保存文件。图 9-85所示为整个实例过程的效果。

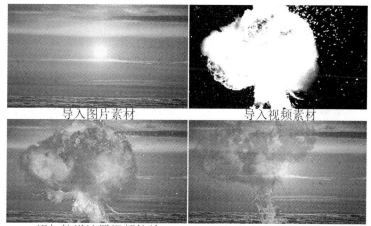

导入图片素材　　　　　　导入视频素材

添加轨道遮罩视频特效　　添加亮度对比度视频特效

图9-85　制作过程

**17** 执行菜单栏中的【File】/【Export】/【Media】命令，在弹出的【Export Settings】对话框中设置输出高清 .mpg格式的文件及保存路径，如图 9-86 所示。

图9-86　设置参数

**18** 在【Export Settings】对话框中单击 Export 按钮，开始生成视频文件，如图9-87所示。

图9-87　开始生成文件

## 【课后练习】飞翔的鱼儿

　　使用抠像技术可以抽除单色背景，然后与不同的背景视频合到一起，从而得到不同的视觉效果。搜集一段鱼儿游泳的单色背景视频，抠掉背景色后将其与天空的视频叠加到一起，便能得到鱼儿在空中飞翔的效果。

# 第10课
# 编辑音频

俗话说：声光色效。可见，声音在影片或其他多媒体作品中的地位确实是相当重要的。它能够配合视频给观众带来更强烈的感官刺激，从而让观众最大程度领会到影片的环境效果。对于Premiere来说，可以很轻松地添加声音、混合声音，精细地控制音量，并能够添加各种实用的特技效果，这些强大的编辑功能，给用户提供了处理音频的广阔空间。

## 【本课知识】

1. 音频素材的基本使用
2. 了解Premiere所支持的音频格式
3. 了解Premiere中调音台的使用
4. 熟悉在编辑音频素材时音频转场的应用
5. 编辑音频素材时使用音频特效会使音乐更加具有动感韵律
6. 通过学习编辑音频的基本知识来制作回音效果

# 10.1 音频素材的基本使用

声音是多媒体影音作品意义建构中必不可少的媒体，它与图像、字幕等有机地结合在一起，共同承载着制作者所要表现的客观信息和所要表达的思想、感情。因此，声音素材的制作与运用是多媒体影音制作中非常重要的一环。以往声音素材的制作技术是非常专业化的，无论是声音的拾取与记录，还是音频信号的调音和效果处理，均需要昂贵的专业设备和专业人员操作。更不用说，为了获得理想的音响效果，专业声音素材制作中还需要专业乐队的演奏。

而今，随着数字技术的广泛应用，不仅使得各种音频制作设备以其高性能、低价格而得以"飞入寻常百姓家"，而且随着PC的普及与性能的不断提高，更使得原来许多只有价格昂贵、体积庞大的专业音频制作设备才具有的强大功能，可以通过软件而得以实现。而这些数字音频应用程序的用户界面通常又非常友好，不仅符合专业音响工程师的专业操作习惯，而且因为其直观易懂，一般多媒体开发人员也能很快掌握其操作使用的方法。正是这些数字音频技术的普及，使得今天的音频素材制作已经不再是专业影音制作单位的专营业务，也不再是音响工程师们垄断的业务。今天，音频素材制作已成了任何人都可尝试的制作。

## 10.1.1 音频轨道

音频轨道与视频轨道虽然同处在时间线窗口中，但是它们在本质上是不同的。首先，视频轨道存在顺序上的先后，上面轨道中的图像会遮盖下面轨道的图像；音频轨道没有顺序上的先后，也不存在遮挡关系。其次，视频轨道都是相同的；音频轨道却有单声道、双声道和环绕立体声等类型之分，一种类型的轨道只能引入相应的音频素材，如图10-1所示。音频轨道的类型可以在添加轨道时进行设置。

图10-1 不同的音频轨道

音频轨道还有主轨道和普通轨道之分，主轨道上不能引入音频素材，只起到从整体上控制和调整声音效果的作用。

## 10.1.2 引入音频素材

在Premiere中，引入音频的方法与引入视频的方法相似。打开一个*.ppj文件之后，执行【File】/【Import】命令，在弹出的【Import】对话框中选择准备导入的音频文件，例如：*.avi、*.wav、*.aif等格式的文件，单击 打开⑪ 按钮，导入的音频片段就会出现在Project窗口中，如图10-2所示。

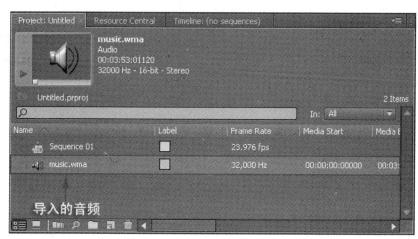

图10-2　导入音频后的项目窗口

这时，将鼠标指针移至音频片段的图标处，按住鼠标左键不放，这时鼠标指针会变成"握拳"的形状，然后将音频片段拖动到时间线窗口中的音频轨道上，此时的音频轨道呈绿色显示，如图10-3所示。

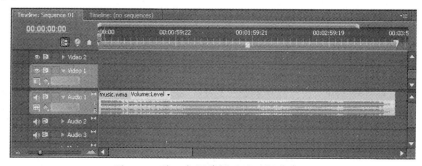

图10-3　引入音频剪辑后的时间线窗口

音频片段在音频轨道上的位置可以通过鼠标拖动来改变，从而配合不同的视频片段。确保时间线窗口处于激活状态，执行【File】/【Export】/【Media】命令，就可以把视频和音频合成存储为*.avi文件或*.mov文件。

## 10.1.3 编辑音频

在电影制作中，编辑音频是独立的创作环节，但在Premiere中可以将声画一起进行编辑。在声画关系中，声画对位是剪辑的基本原则：说话者的口形与他发出的声音、乐器的演奏与它奏出的音乐、爆炸的场面和震耳欲聋的轰鸣，都是通过声音与画面的同步产生了真实的时空感受。在录音棚里合成的声音缺乏现场的透视性和立体感。耳朵并不比眼睛缺乏对真实空间的判断力。有声无源的编辑，例如在某人说话时切入倾听者的镜头，以打破画面的单调或表现听者的反应；在空寂室外传来警笛的声音，以暗示犯罪者的心理活动等。

通过对声画关系的不同处理方式，可以建立影片的基调与情感，确定明晰或暧昧的时间、地点与角色；增强影像的真实感，或刚好相反，创造出一个幻想的空间；声音的剪辑还可以产生节奏和韵律感。在剪辑时，运用一条连贯的声带，可以使一系列互不连贯的镜头产生影像流畅发展的效果，MTV无疑是一种极端的例证。剪辑使一部故事片最终完成，前期付出的一切辛劳有了回报，将所有参与摄制者的共同努力呈现在屏幕上。

在时间线窗口中，可以使用 和 工具按钮进行音频的剪辑。除此之外，还可以在Source窗口中进行音频剪辑。下面通过一个实例具体介绍音频的剪辑方法。

**操作步骤**

**01** 将鼠标指针移至音频轨道上音频片段的边缘处，当鼠标指针变为双向箭头的形状 ↔，如图10-4所示，按住鼠标左键并拖住可以改变音频片段的长度。

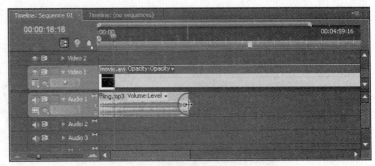

图10-4 调整音频片段的长度

**提示**

音频片段的长度也就是音频持续的时间，是指音频的切入点、切出点之间的片段持续时间，所以音频持续时间的调整是通过切入点、切出点的设置来进行的。可以通过上面的方法调整，也可以选择快捷菜单中的【Speed/Duration】命令来设置音频片段持续的时间。

**02** 单击 按钮，在音频轨道上选中音频片段，可以调整音频片段的位置，如图10-5所示。

**03** 单击按钮，鼠标指针变为剃刀形状，在音频轨道上需要切断处单击鼠标左键，音频片段就会一分为二，如图10-6所示。如果对于分成几段的音频有取舍，可以在取舍的片段上单击鼠标右键，则该片段周围出现亮框，在弹出的右键菜单中可以单击选择【Clear】和【Ripple Delete】等命令，删除该段音频。更简单的方法是选中后直接按键盘上的【Delete】键进行删除操作。

图10-5 调整音频片段的位置

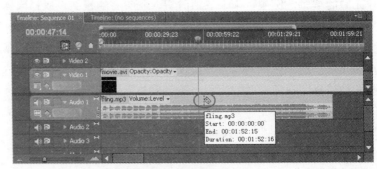

图10-6 使用剃刀工具

04 在音频片段上双击鼠标左键，就会弹出 Source 窗口，而这段音频就显示在 Source 窗口中，如图 10-7 所示。

05 在 Source 窗口中单击 按钮开始播放音频片段，在需要作为切入点的地方先单击 按钮，再单击 按钮，就插入了一个切入点。另一种定位方式是在时间区域上单击鼠标，然后就可以输入时间，按回车键后音频停在该时刻处，再单击 按钮设置切入点。

图10-7　Source窗口

06 设置切出点的方法和插入切入点一样，可以采用上述两种方法把音频定位到想要插入切出点的地方，然后单击 按钮设置切出点。

07 在 Source 窗口中编辑音频的同时，时间线窗口中的音频片段也随着改变，如图 10-8 所示。

图10-8　编辑音频

## 10.1.4 制作音频淡入淡出效果

在影视作品中，声音都有一个进入和消失的过程，如果声音突然出现会造成一种比较突兀的感觉。下面通过一个具体的实例来介绍如何控制声音的进入和消失，即声音的淡入淡出。声音淡入淡出的设置通过音频轨道上的控制点来进行，控制点标志着淡入淡出的起始点和结束点。可以通过向上、向下拖动控制点来改变淡入淡出的级别。

01 单击时间线窗口中音频轨道名称左边的小三角形图标以展开音频轨道，拖动时间编辑线，单击 按钮，在黄色淡化线上产生新的控制点，拖动控制点就可以进行淡入淡出的调节，如图10-9所示。

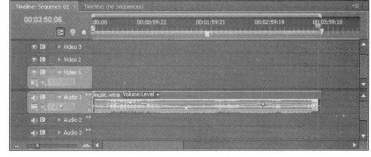

图10-9　调节控制点

**02** 调节时可以忽略波形图左边的 "L" 标记和 "R" 标记，这两个标记分别指示左、右两个立体声道，它们和淡入淡出控制无关。

**03** 单击选中控制点，同时按住鼠标左键不放，把控制点拖动到音频轨道以外，然后释放鼠标左键，或直接按【Delete】键删除。

**04** 在工具面板中单击 按钮，把鼠标指针移动至想要同时调节的两个控制点之间的黄色线段上，并向上或者向下拖动，可以看到两个控制点同时移动。

**05** 如果想要保证控制点前一段淡化线不动，而从该点处快速变化，类似图 10-10 所示的情形，可以采用以下方法。使用两个控制点，一个保持前一段淡化线的增益等级，另一个设置后一段淡化线的起始增益等级。

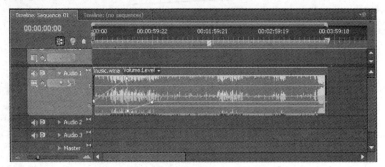

图10-10　相邻控制点间的突变

# 10.2 Premiere支持的音频格式

在Premiere中，视频和音频素材都享有自己专用的轨道。该软件支持MP3、WAV、WMV、WMA、AI、SDI和Quick Time等格式的音频文件。

## 10.2.1 MP3音频格式的全面解析

MP3是当今最流行的一种数字音频编码和有损压缩格式，它的设计用来大幅度地降低音频数据量，而对于大多数用户来说，重放的音质与最初的不压缩音频的音质相比没有明显的下降。

MP3格式是最为大家所熟知的了，目前使用的用户最多，网上最流行的音乐文件绝大部分也是MP3格式的。MP3全称是MPEG Audio Laye-3，它诞生于1993年，其"父母"是德国夫朗和费研究院（Faunhofe IIS）和法国汤姆生（Thomson）公司。

早期的MP3编码技术并不完善，很长的一段时间以来，大多数人都使用128Kbps的CB（固定编码率）格式来对MP3文件编码，直到最近，VB（可变编码率）和AB（平均编码率）的压缩方式出现，编码的比特率最高可达320Kbps，MP3文件在音质上才开始有所进步。而LAME的出现，则为这一进步带来了质的飞跃，下面我们会介绍如何用LAME这个优质MP3压缩软件来制作高质量的MP3格式音频文件。

## 10.2.2 WAV音频格式的全面解析

WAV为微软公司（Microsoft）开发的一种声音文件格式，它符合RIFF（Resource Interchange File Format）文件规范，用于保存Windows平台的音频信息资源，被Windows平台及其应用程序所广泛支持。该格式也支持MSADPCM，CCITT A LAW等多种压缩运算法，支持多种音频数字、取样频率和声道，标准格式化的WAV文件和CD格式一样，也是44.1K的取样频率，16位量化数字，因此在声音文件质量和CD相差无几。 WAV打开工具是Windows的媒体播放器。

WAVE 是录音时用的标准的 Windows 文件格式，文件的扩展名为"WAV"，数据本身的格式为 PCM 或压缩型。AV 文件格式是一种由微软和 IBM 联合开发的用于音频数字存储的标准，它采用 RIFF 文件格式结构，非常接近于 AIFF 和 IFF 格式。符合 RIFF（Resource Interchange File Format）规范。所有的 WAV 都有一个文件头，这个文件头音频流的编码参数。

WAV文件作为最经典的Windows多媒体音频格式，应用非常广泛，它使用3个参数来表示声音：采样位数、采样频率和声道数。

声道有单声道和立体声之分，采样频率一般有11025Hz（11kHz）、22050Hz（22kHz）和44100Hz（44kHz）3种。WAV文件所占容量=（采样频率×采样位数×声道）×时间／8（1字节=8bit）。

常见的声音文件主要有两种，分别对应于单声道（11.025KHz采样率、8Bit的采样值）和双声道（44.1KHz采样率、16Bit的采样值）。采样率是指：声音信号在"模／数"转换过程中在单位时间内采样的次数。采样值是指每一次采样周期内声音模拟信号的积分值。对于单声道声音文件，采样数据为八位的短整数（short int 00H-FFH）；而对于双声道立体声声音文件，每次采样数据为一个16位的整数（int），高八位和低八位分别代表左右两个声道。

WAVE文件数据块包含以脉冲编码调制（PCM）格式表示的样本。WAVE文件是由样本组织而成的。在单声道WAVE文件中，声道0代表左声道，声道1代表右声道。在多声道WAVE文件中，样本是交替出现的。

WAV 音频格式的优点包括：简单的编／解码（几乎直接存储来自模／数转换器（ADC）的信号）、普遍的认同／支持以及无损耗存储。WAV 格式的主要缺点是需要音频存储空间。对于小的存储限制或小带宽应用而言，这可能是一个重要的问题。WAV 格式的另外一个潜在缺陷是在 32 位 WAV 文件中的 2G 限制，这种限制已在为 SoundForge 开发的 W64 格式中得到了改善。

WAV 格式支持 MSADPCM、CCITTALaw、CCITT μ Law 和其他压缩算法，支持多种音频位数、采样频率和声道，但其缺点是文件体积较大（一分钟44kHZ、16bit Stereo 的 WAV 文件约要占用 10MB 左右的硬盘空间），所以不适合长时间记录。

在Windows中，把声音文件存储到硬盘上的扩展名为WAV。WAV文件记录的是声音本身，所以它占用的硬盘空间大得很。例如：16位的44.1KHZ的立体声声音一分钟要占用大约10MB的容量，和MIDI相比就差得很远。

AVI文件和WAV文件在结构上是非常相似的，不过AVI文件多了一个视频流而已。我们接触到的AVI文件有很多种，因此我们经常需要安装一些Decode软件才能观看一些AVI视频文件，我们接触到比较多的DivX就是一种视频编码，AVI可以采用DivX编码来压缩视频流，当然也可以使用其他的编码压缩视频。同样，WAV文件也可以使用多种音频编码来压缩其音频流，不过我们常见的都是音频流被PCM编码处理的WAV文件，但这不表示WAV文件只能使用PCM编码，MP3编码同样也可以运用在WAV文件中，和AVI文件一样，只要安装好了相应的Decode软件，就可以欣赏这些WAV文件了。

在Windows平台下，基于PCM编码的WAV是被支持得最好的音频格式，所有音频软件都能完美支持，由于本身可以达到较高的音质要求，因此，WAV也是音乐编辑创作的首选格式，适合保存音乐素材。因此，基于PCM编码的WAV被作为了一种中介的格式，常常使用在其他编码的相互转换之中，例如将MP3格式转换成WMA格式。

### 10.2.3 WMV音频格式的全面解析

WMV是微软推出的一种流媒体格式，它是在"同门"的ASF（Advanced Stream Format）格式升级延伸来的。在同等视频质量下，WMV格式的体积非常小，因此很适合在网上播放和传输。AVI文件将视频和音频封装在一个文件里，并且允许音频同步于视频播放。与DVD视频格式类似，AVI文件支持多视频流和音频流。

微软的WMV还是很有影响力的。可是由于微软本身的局限性，其WMV的应用发展并不顺利。第一， WMV是微软的产品，它必定要依赖着Windows，Windows 意味着解码部分也要有PC，起码要有PC机的主板。这就大大增加了机顶盒的造价，从而影响了视频广播点播的普及率。第二，WMV技术的视频传输延迟非常大，通常要十几秒钟，正是由于这种局限性，目前WMV也仅限于在计算机上浏览WMV视频文件。

WMV文件一般同时包含视频和音频部分。视频部分使用Windows Media Video编码，音频部分使用Windows Media Audio编码。

### 10.2.4 WMA音频格式的全面解析

微软公司推出的与MP3格式类似的音频格式。WMA在压缩比和音质方面要略好于MP3，也是主流音频文件之一。

在绝大多数的MP3播放器上，最基本支持的两种格式是MP3和WMA。这说明WMA格式也是非常重要的。WMA，Windows Media Audio，明眼人一眼就能看出这是微软的杰作。WMA相对于MP3的最大特点就是有极强的可保护性，可以说WMA的推出，就是针对MP3没有版权保护的缺点来的。自从Napste破产以来，微软更是对WMA大肆宣传，大有想推翻MP3的意思。就目前看来，WMA可能是最受唱片公司所欢迎的格式了。除有版权保护外，通过将WMA与MP3在音质和体积上的对比，可以总结为：在低比特率（<128Kbps）时，WMA体积比MP3小，音质比MP3好；而在高比特率（>128Kbps）时，MP3的音质则比WMA好。

Microsoft声称用WMA压缩的Audio失真很小，64kbps的WAV音频的音质接近CD音质。WMA的压缩率很高，比MP3省一半的存储空间，在低bit率时，效果好过MP3，如果从同样音源制作，64K的WMA音频效果近似128K的MP3，96K的WMA音频略好于128K的MP3。在高码率时，WMA音频格式作用不大。因压缩率高，WMA文件适宜于网络下载。微软推出WMA编码时主要有两个针对目标，一个是瞄准了网络上的RM和RAM格式，另一个是用户硬盘中的MP3格式音频。

### 10.2.5 Quick Time音频格式的全面解析

MOV即QuickTime影片格式，它是Apple公司开发的音频、视频文件格式，用于存储常用数字媒体类型，如音频和视频。当选择 QuickTime （*.mov）作为"保存类型"时，动画将保存为.mov 文件。

QuickTime用于保存音频和视频信息，现在它被包括Apple Mac OS，Microsoft Windows 95/98/NT/2003/XP/VISTA，甚至Windows 7在内的所有主流电脑平台支持。

QuickTime因具有跨平台、存储空间要求小等技术特点，而采用了有损压缩方式的MOV格式文件，画面效果较AVI格式要稍微好一些。到目前为止，它共有 4 个版本，其中以 4.0 版本的压缩率最好。这种编码支持16位图像深度的帧内压缩和帧间压缩，帧率每秒10帧以上。现在这种格式有些非编软件也可以对它时行处理，其中包括Adobe公司的专业级多媒体视频处理软件Aftereffect和Premiere。

# 10.3 调音台的使用

在Premiere中，可以对声音的大小和音阶进行调整。调整的位置既可以在特效控制面板中，也可以在调音台窗口中。Audio Mixer（调音台）是Premiere一个非常方便好用的工具。在该窗口中，可以方便地调节每个轨道声音的音量、均衡／摇摆等，还可以为音频素材添加转场和使用音频特效。Audio Mixer窗口如图10-11所示。

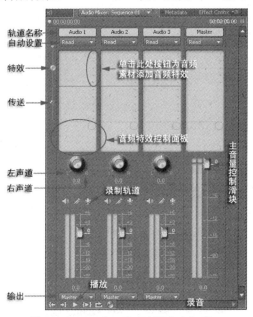

图10-11　Audio Mixer（调音台）窗口

从图10-11可以看出，在Audio Mixer窗口中，对每个轨道都可以进行单独的控制。在默认情况下，每个轨道都默认使用主混合轨道进行总的控制。可以在调音台窗口的下方列表框中进行选择。在调音台窗口中，还可以设置静音／单独演奏的播放效果。例如，对音频1轨道和音频2轨道静音。在这可以看到，只有音频3轨道在播放的时候能够听到（指示器不断变化），而音频1和音频2在播放时，对听到的声音已经没有影响。【Audio Mixer】常用参数的作用和使用方法如下所述。

在这个对话框的顶部有两个时间数值，第一个是时间指针所在的位置，第二个是音频片段的长度。

- 轨道名称：【Audio1】（音频轨道1）－【Audio3】（音频轨道3）是【Audio Mixer】音频轨道的名称，每一个轨道都对应着时间线窗口的相应音频轨道。
- 自动设置：对于每一个音频轨道的音量、摆动等参数的调整，都可以采用自动的方式进行，系统提供了【Off】（关闭）、【Read】（只读）、【Write】（可写）、【Latch】（锁闭）、【Touch】（触摸）5种自动调整方式。其中，【Off】在播放音频时，忽略轨道的存储设置；【Read】（只读）在播放音频时使用轨道的存储设置控制播放过程，但是在播放过程中在混音器所作的调整不被记录；【Write】在播放音频的同时在混音器中所作的所有调整被记录成音频轨道上的关键帧；【Latch】与【Write】相似，区别在于前者进行调整后才开始记录关键帧；【Touch】与【Write】相似，区别在于前者进行调整后才开始记录关键帧，同时停止调整后，参数自动恢复到调整前的状态。
- 特效和传送：特效允许在【Audio Mixer】（混音器）中添加轨道的音频特效；传送允许将轨道传送到【Submix】（混合子轨道）中进行调整。

【Left / Right Balance】（左右声道平衡）旋钮调整左右声道音量的比例大小。

（轨道开关），打开或者关闭轨道；（独奏），打开这个按钮时只对相应的轨道起作用，其他轨道被关闭；（录制轨道），指定录制声音保存的轨道。

● 音量控制滑块：每一个轨道都对应着一个音量控制滑块，上下拖动滑块的位置可以调整每个轨道音量的大小。

● 输出：确定调整后的轨道所有信息输出到【Submix】或者【Master】（主声道）。

● 播放及录制按钮：用于浏览调整的效果和在音频轨道中记录音频信号。

在默认的情况下，【Audio Mixer】窗口中显示所有的音频轨道和音量控制器等，但是只显示当前项目文件中的音频轨道，而不是所有项目文件中的轨道。如果混音器用来混合多个项目文件中的音频，则需要创建一个新的主项目文件，将需要混合的项目文件套到一起。

# 10.4 音频转场

在Adobe Premiere中，音频转场与视频转场一样，在音频片段的组接过程中，经常会遇到两个片段转换的情况，如果两个片段差别很大，直接组接会产生跳跃、突兀的感觉。使用音频的过渡效果可以使两段音频的组接更加自然，它的使用方法类同于视频转场，就是把转场效果直接拖入音频素材的起始端或终点端，如图10-12所示。

图10-12　添加音频转场效果

Premiere在【Effects】面板的【Audio Transition】文件夹中的子文件夹【Crossfade】中提供了音频转场的3种效果：【Constant Gain】、【Constant Power】和【Exponential Fade】，如图10-13所示。

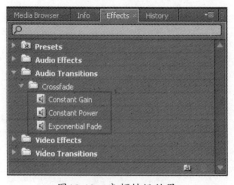

图10-13　音频转场效果

### ▌10.4.1 【Constant Gain】（增益常量）

【Constant Gain】通过直线变换的方式使一个音频轨道上的音频素材过渡到另一个音频轨道上的音频素材，如图10-14所示。

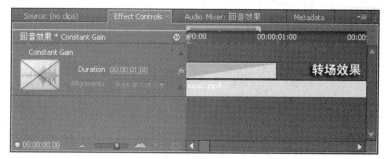

图10-14 【Constant Gain】过渡效果

音频过渡效果的使用类似于视频过渡效果。如果设置音频片段的淡入效果，将选中的音频过渡效果拖动到片段的始端，并调整过渡效果的长度；如果设置音频片段的淡出效果，将选中的音频过渡效果拖动到片段的末端，并调整过渡效果的长度。

### ▌10.4.2 【Constant Power】（能量常量）

【Constant Power】通过曲线变换的方式使一个音频轨道上的音频素材过渡到另一个音频轨道上的音频素材，过渡效果更加自然，如图10-15所示。

图10-15 【Constant Power】过渡效果

# 10.5 使用音频特效

在Premiere中，音频特效与视频特效一样，也可以使用音频特效来改进音频质量或者创造出各种特殊的声音效果。一段音频片段可以使用多种音频特效；同一种音频特效的设置也可以反复更改，变换了设置的特效也可以用在同一段音频片段上。

优秀的影音作品是由视频和音频两部分有机组成的，忽视哪一方面都会十分严重地影响整体的效果。客户需要的是在视觉、听觉两方面都有震撼力的作品，试想一下现在要是再去看无声电影，会是一种什么样的情形。Premiere 为我们提供了功能更为强大的音频特效，使得 Premiere 在音频处理方面有了很大的提高，下面就来介绍一下音频处理。

客观地讲，由于 Premiere 中的音频处理能力跟专业的音频处理软件相比还是相当有限的。所以如果用户对作品的要求非常高的话，就需要使用更为专业的软件，比如 Cool Edit。

在Premiere中，所有的音频处理都是基于使用音频特效的（Audio Effect）。所以掌握了

Premiere中音频特效的用法，就等于掌握了如何在Premiere中进行音频编辑。

## 10.5.1 固有音量特效

与视频片段相似，每一段音频片段都有一个自带的特效【Volume】（音量），用于控制音频片段音量的变化。音频的【Volume】位于监视器窗口源视图右侧的【Effect Controls】中，如图10-16所示。每一段音频素材都具有这个特效，而不需要额外添加。

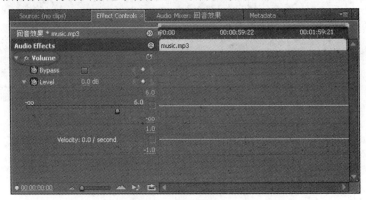

图10-16　音频音量特效

- ● 【Reset】（重新设置）：单击这个按钮取消所有的设置恢复到默认状态。
- ● 【Toggle animation】（动画开关）：单击这个按钮进入动画录制状态。
- ● 【Bypass】（忽略）：是所有音频特效都具有的一个参数，选择这个选项时，这一个特效的设置对音频不起作用，等于这个特效没有添加给该音频片段。
- ● 【Level】（级别）：用于设置音频片段音量的大小，数值越大，音量越高。

## 10.5.2 音频特效

音频特效都存放在【Effects】面板的【Audio Effects】文件夹中，如图 10-17 所示。

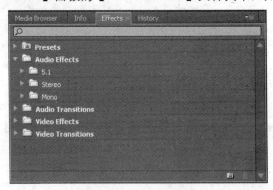

图10-17　音频特效存放处

从上图中可以看到，在【Audio Effects】文件夹下面还有3个子文件夹，它们分别是【5.1】（用来处理5.1音频系统的特效）、【Stereo】（用来处理立体声音频系统的特效）和【Mono】（用来处理单声道音频系统的滤镜）。它们的功能类似，只是处理的对象不同，本课仅对目前使用最为普遍的【Stereo】特效进行介绍。音频特效的用法跟视频特效的用法是一样的，将音频特效图标拖拉到音频素材文件上即可。下面就逐一对【Stereo】特效的使用方法进行介绍。

为了方便读者理解，在难于理解的地方将使用专业的编辑软件处理音频文件的图片，这些图片的内容是在Premiere Pro中的音频特效的作用效果。实际在Premiere Pro中是看不见这些效果的，请读者注意。

（1）Balance（音频平衡）

【Balance】的作用是用来平衡左右声道的。正值是用来调整右声道的平衡值，负值是用来调整左声道的平衡值，音频素材波形如图10-18所示。

图10-18　音频素材波形

（2）Bandpass（选频）

【Bandpass】是用来祛除特定频率范围之外的一切频率，所以叫作选频滤镜。【Center】（中心）是用来确定中心频率范围的；Q（Q点，专业术语叫作品质因数）是用来确定被保护的频率带宽。Q值设置较低，则建立一个相对较宽的频率范围，而Q值设置较高，则是建立一个较窄的频率范围。

（3）Bass（低音）

【Bass】是用来增加或减少低音频率的（200HZ）。BOOST是用来说明增加低频的分贝值。

（4）Channel Volume（声道音量）

【Channel Volume】是用来控制立体声或5.1音频系统中每个通道音量的。相当于分别设置了不同声道的音量。

（5）DeNoiser（降噪器）

DeNoiser是用来对噪音进行降噪处理的，它可以自动地探测到素材中的噪音，并且自动地清除噪音。特别的，【DeNoiser】在清除由于采集素材而引起的噪音时有相当好的效果。图10-19所示的就是【DeNoiser】设置窗口。

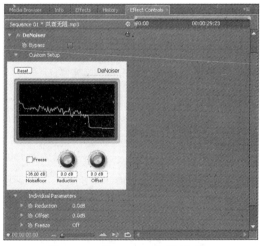

图10-19　【DeNoiser】设置窗口

- 【Freeze】（冰冻）：Freeze 的功能就是将噪音的采样频率停止在当前时刻。使用Freeze 主要用来对噪音进行定位处理和降噪处理。
- 【Reduction】（清除量）：是用来设置所需要清除噪音的音量范围的（–20到0 分贝）。
- 【Offset】（偏移量）：用来设置由DeNoiser自动探测到的噪音频率和用户自定义噪音频率的值。

（6）Delay（延时）

【Delay】是用来产生各种延时效果的（类似回响的效果），如图10-20所示。

图10-20 【Delay】设置窗口

● 【Delay】是用来确定产生回响的时间值，就是多少秒后产生延时效果，最大延时的值是2秒。

【Feedback】（反馈）是用来控制回响信号加入到原始素材中的百分比，百分比越大，回响的音量也就越大。

【Mix】则是用来控制回响的量，Mix值越大，回响的程度越大。

（7）Dynamics（动态）

【Dynamics】主要是用来调整音频信息的，这款滤镜十分专业，所以功能很强大，如图10-21所示。

图10-21 【Dynamics】设置窗口

● 【Auto Gate】（滤波门）：滤波门是用来清除低于设定极限值（Threshold）的信号的，可以用来清除一些无用的背景杂音。Autogate（自动滤波）下面有3个LED显示器，当它们显示不同颜色时，代表了不同的状态。当门开启时，显示器显示为绿色；当处理或释放时，显示器显示为黄色；当门关闭时则显示器显示为红色。下面的控制器是用来设置具体参数的。

● Threshold（极限值）：设置能使引入信号（音频信号）开启"门"所必须超出的标准值（−60到0分贝）。如果引入信号低于极限值的值，则屏蔽该信号，结果就是使其静音。

● Attack（处理时间）：用来设置当引入信号高于极限值时，则开启"门"的速度。

● Release（释放时间）：用来设置当引入信号低于极限值时，则关闭"门"的速度。

● Hold（保持时间）：用来设置当信号低于极限值后，保持"门"处于开启状态的时间。

● 【Compressor】（压缩器）：Compressor通过增大柔音的音阶（Level）、降低较大音频的音阶，从而产生一个一直的标准音阶来平衡动态的范围。下面的控制器是用来设置具体参数的。

● Threshold（极限值）：设置能使信号调用压缩器所必须超出的标准值（−60到0分贝）。

● Ratio（比率）：设置压缩器使用的压缩比率。举个例子，如果Ratio = 5，输入音阶将增加5分贝，输出增加1分贝。

● Attack（处理时间）：用来设置当信号高于极限值时压缩器的响应时间。

● Release（释放时间）：用来设置当信号低于极限值时压缩器返回给原始素材的增益的时间。

● Auto（自动）：根据引入信号自动计算释放时间。

● Markup（涨度）：用来调整压缩器的输出音阶，从而解决由压缩所引起的增益失败。

● 【Expander】（扩充滤波器）：根据设置的比率清除所有低于极限值的值信号。效果跟Gate类似，只是在处理的细节上更加精确。

● Threshold（极限值）：用来设置激活扩充滤波器的音阶。

● Ratio（比率）：用来设置信号被扩充的比率。如果Ratio = 5，当音阶降低1分贝时，扩充5分贝，这样就可以更加精确、快速地降低信号了。

● 【Limiter】（限制器）

● Threshold（极限值）：用来设置信号的最大音阶，所有超过极限值信号的音阶将会减少到与极限值相同的水平值。

● Release（释放时间）：用来设置增益返回到标准音阶所需要的时间。

● SoftClip（柔化处理）：对信号进行柔化处理。

（8）EQ（均衡器）

【EQ】是用来增加或减少特定中心频率附近的音频的频率的。在很多场合都可以看到它的影子，比如最常见的就是Winamp中的均衡器，相信大家都见过，它们的功能都是类似的，而且操作也十分简单。

（9）Fill Left（填充左声道）

【Fill Left】的作用是对音频素材的右声道的内容进行复制，然后替换到左声道中，并将原来左声道中的文件删除。

（10）Fill right（填充右声道）

【Fill right】的作用是对音频素材的左声道的内容进行复制，然后替换到右声道中，并将原来右声道中的文件删除。

（11）Highpass（高通）：是用来滤除那些低于指定频率以下的频率的。

（12）Invert（反转）：是用来反转音频通道的位相的。

（13）Lowpass（低通）：是用来滤除那些高于指定频率以下的频率的。

（14）Multiband Compressor（多频带压缩器）

【Multiband Compressor】是一个用来控制每一个波段（频段）的有3个波段的压缩器，如图10-22所示。

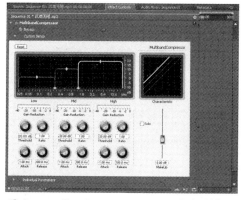

图10-22 【Multiband Compressor】控制窗口

通过图形控制界面可以看到有3个波段的控制器，这3个波段分别对应下面的Low（低频）、Mid（中频）和High（高频）这3个选区。

- Solo（单独）：仅播放当前波段。
- Threshold（极限值）：用来设置引入信号激活压缩器所必须超过的值（3个波段都适用）。
- Ratio（比率）：设置压缩的比率（3个波段都适用）。
- Attack（处理时间）：用来设置当信号超过极限值时压缩器的响应时间（3个波段都适用）。
- Release（释放时间）：用来设置当信号低于极限值时所设置的增益添加到原始音阶需要的时间（3个波段都适用）。
- MakeUp（压缩补偿）：用来设置补偿由于压缩而造成的无效增益的音阶，范围是-6到+12 dB。

（15）Multitap Delay（多重延时）

【Multitap Delay】是相对【Delay】（单独的）而言的，它可以为原始素材提供4个回响效果，如图10-23所示。

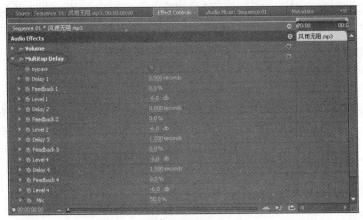

图10-23　【Multitap Delay】控制窗口

- Delay 1-4（延时1-4）：分别用来设置4个回响效果的延时时间。
- Feedback 1-4（反馈1-4）：分别用来设置4个延时效果加入到原始素材中的百分比。
- Level 1-4（音阶1-4）：分别用来设置4个回响效果的音。
- Mix（混合）：用来设置回响效果和没有使用回响效果的原始素材的混合比。

（16）Parametric EQ（参数均衡器）：用来增加或减少设定的中心频率的附近频率。

（17）Pitch Shifter（高音转换器）：用来调整引入信号的音高，可以加深或减少原始素材的高音。

（18）Reverb（反响）

【Reverb】通过模拟在室内播放音频来给原始音频素材添加环境音效，通俗地说也就是添加家庭环绕式的立体声效果，图10-24所示是【Reverb】的设置窗口。

图10-24　【Reverb】设置窗口

● Pre Delay（预延时）：用来设置原始信号和反响效果之间的时间，这个设置就是设置音源与反射点之间的距离。举个例子，假设你坐在沙发上，音响在前方。Pre Delay就是设置第一次听到的声音与从你后面的墙壁反射回第二次听到的声音的时间间隔。

● Absorption（吸收）：设置音频信号被吸附的百分比。

● Size（反响范围）：用来设置反响的空间范围，就是定义空间的大小。

● Hi Damp（高音衰减）：设置高音的衰减量。设置较低的值可以使反响的声音更加柔和。

● Lo Damp（高音衰减）：设置低音的衰减量。设置较低的值可以避免反响的效果有杂音。

● Density（密度）：设置反响的密度。

（19）Swap Channel（通道交换）：交换左右声道，就是将左右声道的信息进行互换。

（20）treble（高音处理器）：功能是增加或减少高频（4000HZ以上）的音量。BOOST控制着增益的量，单位是分贝。

（21）volume：调整音频素材的音量。

# 10.6 实例：制作回音效果

音响效果是一个影视作品中不可或缺的部分，学习影视节目的编辑，就要掌握如何将音响效果处理得更加完美。下面通过一个具体的实例介绍回音的效果是怎么产生的。

**操作步骤**

01 启动Premiere应用程序，建立一个"回音效果"项目文件。

02 在Project窗口的空白处双击鼠标左键，在弹出的【Import】对话框中选择"music.mp3"文件，如图10-25所示。

图10-25 选择文件

03 选择好文件后，在【Import】对话框中单击 打开(0) 按钮，将文件导入到项目窗口。

04 将鼠标指针移至"music.mp3"素材的图标处，按住鼠标左键将其拖入"Audio1"轨道中，如图10-26所示。

图10-26 引入音频素材

05 松开鼠标左键，引入的音频素材就存放在Audio1轨道上了，如图10-27所示。

图10-27 添加音频特效

06 在编辑音频的时候要检查音响是否插好，引入一段音频素材后，可以按键盘上的空格键播放音乐，也可以单击监视器窗口中的 ▇ 按钮播放，或者利用调音台窗口中的播放按钮来播放音乐，如图10-28所示。

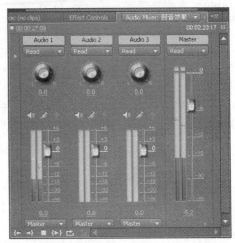

图10-28 播放音乐

07 如果想让整段音乐都有回音，可以在【Effects】面板中选择【Stereo】子文件下的【Delay】特效，将其拖至音频素材上，如图10-29所示。

图10-29 添加音频特效

08 打开【Effect Controls】面板，设置各项参数，如图10-30所示。

图10-30 设置参数

09 单击【Effect Controls】面板中的▶️按钮试听音乐。

10 如果只是想让音乐片段中的一部分产生回音效果，这时就要用到工具面板中的🔪工具，将需要添加特效的片段两端都切开，如图10-31所示。

图10-31　截断音频片段

11 从图10-31可以看出，一段音频分成了三部分，如果就想让中间的那部分产生回音效果，可以选中第一部分，在【Effect Controls】面板中单击 fx 按钮关闭【Delay】特效，如图10-32所示。也可以直接按键盘上的【Delete】键删除选中的特效。

图10-32　关闭特效

12 同样选中第三部分可以做同样的处理，也可以在【Effect Controls】面板中选中【Delay】特效，在上面单击鼠标右键，在弹出的快捷菜单中选择【Clear】命令，如图10-33所示。

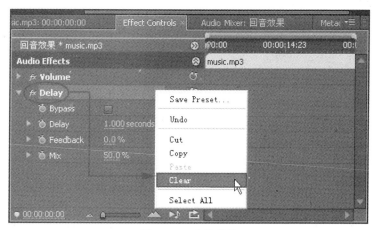

图10-33　右键菜单

13 这时再单击播放按钮，就可以听见中间的部分产生特效效果。

14 至此，回音效果制作完成，执行【File】/【Save】命令，保存文件。

# 【课后练习】高低音的转换

通过对音频素材添加特效来调整高低音的转换，过程提示如下。

01 在【Effects】面板中选择【Audio Effects】，在其下拉菜单下选取【Bass】&【Treble】音频特效，将之拖放至声音轨道中。

02 在【Effect Controls】面板中，通过【Bass】特效控制窗口中的三角形滑块，用户可以对音频素材中的低音部分的强度进行设定。滑块的位置越靠右，则低音强度就越大。 用户也可以在右边的数字框中直接填写合适的数值来设置低音强度，如图10-34所示。

图10-34 【Effect Controls】面板5

03 【Treble】特效控制窗口中的调节方法与【Bass】是类似的。它的作用是调节音频素材中高音部分的强度。可以直接在数字框中填写适当的数值来控制强度。

04 用户可以进行特技效果的预演。系统将截取声音素材的一小部分应用特技并反复播放。预演的效果可以随用户对各项设定的变动进行动态调整。

05 当用户对设置的效果不满意的时候，可以单击 按钮，将【Bass】和【Treble】两项的控制值同时置为 0，然后重新开始进行设置。

06 用户可以在关键帧设置区中设定多个控制点，并对它们分别设以不同的特性值，系统将根据各点的特性自动生成音频素材中音质的渐变过程。

07 用户无需经过合成就可以对声音特技效果进行预演，并动态调节设置效果。用户在实际操作中应当充分利用这一有效的工具。

　　音频素材中的声音效果可以分为两部分—高音部分和低音部分。【Bass】表示低音，【Treble】表示高音。利用【Bass &Treble】视频特效，用户可以对音频素材中的高音部分和低音部分的强度分别进行设定。当素材中低音部分的强度被提高时，高音部分被抑制。在音频素材之中，占主导因素的部分就是低音部分，高音部分并不明显。而此时音频素材播放时的效果就会变得低沉、浑厚、坚实，富有震撼力。相反，当素材中高音部分的强度被提高时，低音部分被抑制，音频素材所产生的效果就会变得高亢、响亮、悦耳，令人振奋。当两部分以同样幅度增大或减小的时候，整个素材的音量会相应地放大或减小。用户可以通过使用这种滤镜，将高音部分与低音部分的强度按比例调整到合适的程度，从而改善原有音频素材的音质，使之符合影片的要求。

# 第11课
# 视频输出

当在Premiere中编辑好视频节目之后，如果对制作的效果感到满意或符合标准，那么就可以输出了。Premiere中的编辑过程只是完成了在电脑中的素材组织和剪辑，此时的剪辑结果只能在Premiere中播放，而不能在其他的播放器中播放。输出过程就是生成一个独立的视频文件，这个文件可以在其他媒体播放器上播放。

【本课知识】
1.了解视频输出的参数设置
2.实例操作输出单独音频文件
3.输出影片文件
4.输出DVD文件
5.输出MOV文件

# 11.1　Premiere输出作品的类型

Premiere可以输出多种类型的作品：录像带、DVD、电影文件、图片序列、单帧图片、音频文件等；还可以输出编辑选择列表文件、高级编辑格式文件。从具体的操作方法来讲，输出类型可以分为录像带、媒体文件和数据文件。

### 1．输出到录像带

编辑好的视频节目可以直接输出到录像带，这是一种较为传统的非线性编辑方式，在一些大型影视制作单位还会用到。如果计算机连接了录像机或摄像机，就可以使用Premiere控制它们，并将信号输出记录到准备好的磁带中。

当从时间线窗口中输出时，Premiere将使用Project Settings窗口中的设置，输出记录的信号质量还与计算机中安装的视频捕捉卡有关。也就是说，将节目直接输出到录像带还需要专业的设备来支持，除了记录信号的录像机或摄像机，还需要一个连接计算机与记录设备的硬件设备，即非编卡或捕捉卡。

### 2．输出媒体文件

Premiere 可输出独立的媒体文件，这些文件可以保存在计算机的存储设备上，此处所说的媒体文件包括视频文件、音频文件和图片或图片序列文件。在 Premiere Pro CS5 中媒体文件都是由 Adobe Media Encoder 输出生成。

Premiere可以输出的视频文件包括Microsoft AVI、P2 Movie、QuickTime、Uncompressed Microsoft AVI、FLV、H.264、H.264 Blu-ray、MPEG4、MPEG1、MPEG2、MPEG2-DVD、MPEG2 Blu-ray、Windows Media。

Premiere可以输出的音频文件包括MP3、Windows Waveform、Audio Only。

Premiere可以输出的图片或图片序列文件包括Windows Bitmap、Animated GIF、GIF、Targa、TIFF。

### 3．输出数据文件

Premiere EDL文件包含了很多的编辑信息，包括剪辑使用素材所在的磁带、素材文件的长度、剪辑中所用的特效等。其目的是为编辑大数据量的电视节目如电视连续剧所使用，先以一个压缩比率较大的文件（画面质量差、数据量小）进行编辑，以降低编辑时对计算机运算和存储资源的占用，编辑完成后输出EDL文件，再通过导入EDL文件采集压缩比率小甚至是无压缩的文件进行最终成片的输出。

# 11.2　输出媒体文件

在 Premiere 中，如果没有外部插件或者外部设备，我们可以输出多种格式的媒体文件。在最终的节目输出中，可以分为两大类型的输出，一类用于广播电视播出，另一类用于计算机播放。因此在 Premiere 中，最终的输出分成了两种截然不同的压缩方式，即硬件压缩和软件压缩。对于广播电视节目来说，通常是硬件压缩的方式，而对于计算机上的媒体，一般采用软件压缩的方式。而且最终的效果与计算机本身的视频卡有着非常密切的关系。

## 11.2.1　输出媒体文件的过程

将剪辑好的序列或项目输出为媒体文件，一般需要进行选择输出文件类型、设置输出参数、指定保存路径、最终输出等几个过程。下面通过一个具体的实例来介绍媒体文件的输出过程。

操作步骤

**01** 首先要看编辑好的视频是不是有溢出现象，时间线上的范围条是规定输出范围的重要工具，如果剪辑的最终结尾处没有对齐范围条，例如超出了范围条，那么超出的部分就不会被输出，如图11-1所示。

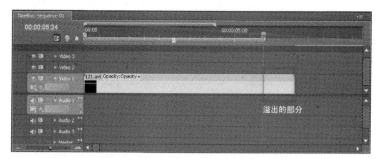

图11-1 溢出的部分

**02** 激活工具箱中的▶工具，将其放置在范围条的末端，向右拖动鼠标，使其末端与视频末端对齐，如图11-2所示。

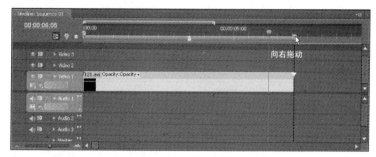

图11-2 调整范围条

**03** 检查完溢出后要确定时间线窗口是否处于激活状态，如处于激活状态，则时间线窗口四周有一道黄边，如图11-3所示。

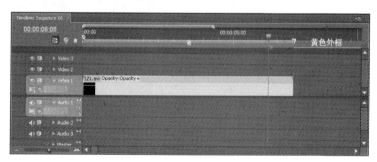

图11-3 激活时间线窗口

**04** 执行选中菜单栏中的【File】/【Export】/【Media】命令，如图11-4所示。

图11-4 输出文件

05 选择了【Media】命令后系统弹出【Export Settings】对话框，设置文件格式及参数，如图11-5所示。此处为了讲述方便，选择了未压缩的AVI格式，因此视频参数均使用了默认设置。

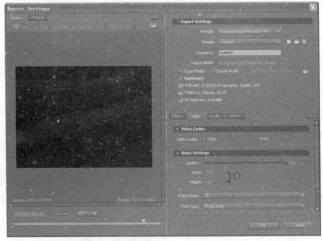

图11-5 【Export Settings】对话框

06 单击对话框中的 OK 按钮进行输出。此时系统自动打开 Adobe Media Encoder CS5。

07 在Adobe Media Encoder CS5中可以重新修改输出的格式设置及保存路径，所有设置完成后，单击右侧的 开始队列 按钮，开始输出视频文件，如图11-6所示。

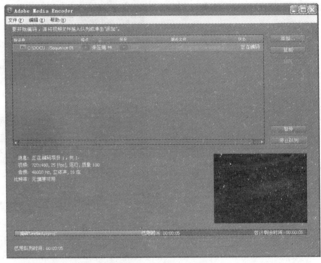

图11-6 最终输出

08 输出完成后，媒体文件自动保存到指定的路径，同时在源文件后出现绿色的对勾标识，如图11-7所示。

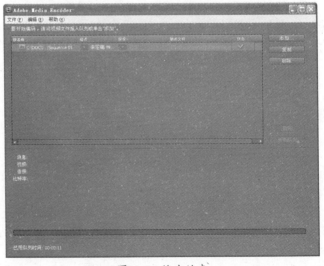

图11-7 输出结果

## 11.2.2 输出参数设置

在输出媒体文件时要根据需求选择正确的文件格式并设置正确的参数，在【Export Settings】对话框中列示了一系列视频输出的参数，如图11-8所示，本节将详细介绍这些参数的使用。

（1）输出设置

● Format（格式）：Premiere提供了多种能够输出影视作品的文件格式，如图11-9所示。如果安装了视频卡或者第三方提供的插件，则可以在附带的说明书或说明文档中找到它们支持的输出文件格式。

● Preset（预设）：选择一种格式后，系统会自动提供几种预设方案，使用预设方案可以快速设置其他参数。例如选择MPEG2格式后，单击【Preset】右侧的下拉列表就可以看到系统提供的预设方案，如图11-10所示。

● Comments（注释）：解释所选Format和Preset。

● Output Name（输出路径）：指定节目的输出路径及名称。

● Export Video（输出视频部分）：选中这个复选项，在输出时将输出视频部分；取消这个复选项，则不输出视频部分。

● Export Audio（输出音频部分）：控制是否输出声音部分。

● Open in Device Central（在设备中心打开）：当选择H.264、MPEG4等格式时，这个复选项是可以用的。选中这个复选项，在输出结束后将会自动在设备中心打开渲染生成的文件。

● Summary（摘要）：显示出各项参数的设置情况。

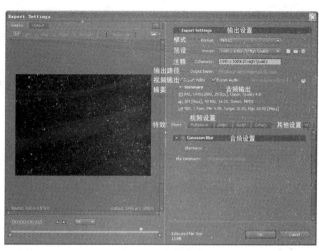

图11-8 输出参数

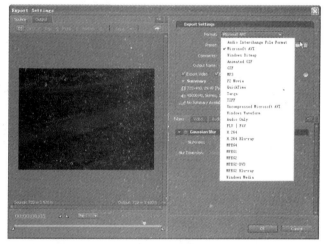

图11-9 输出格式

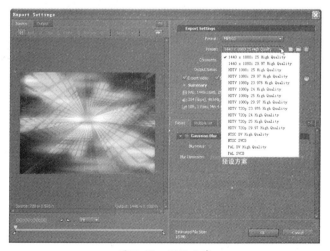

图11-10 预设方案

251

（2）Filters（滤镜特效）

系统提供了一个高斯模糊滤镜特效，这个特效影响整个输出作品，选择这个选项，并设置相应的参数后，输出的作品就会变得柔和、模糊。这个特效与特效面板中的模糊效果类似，如图11-11所示。

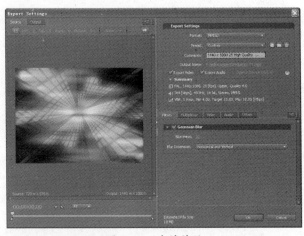

图11-11　滤镜特效

（3）Multiplexer（混合器）

混合器在Premiere中控制如何将MPEG视频和音频信号合并到一个文件中去。这个面板在选择了MPEG格式时才出现，如图11-12所示。

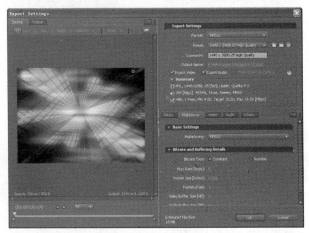

图11-12　混合器

（4）Video（视频）

视频面板主要设置输出作品视频信号的质量，选择不同的视频格式会有不同的参数出现在这个面板中。在所有的参数中，较为常用的有视频质量、电视制式、帧速率、场等，如图11-13所示。

图11-13　视频

● Quality（质量）：设置输出视频的质量和文件的大小。较高的质量能够得到较好的视频效果，但是输出的视频文件就会占用较大的硬盘空间。

● TV Standard（电视制式）：我国一般采用PAL电视制式，而在欧美一些国家则采用NTSC电视制式。

● Frame Rate（帧速率）：每秒播放的帧数，PAL电视的帧速率为每秒25帧。

● Field Order（场）：场的选择要根据最终输出作品的播放要求来确定，系统提供了3个选项：上场、下场和无场。

（5）Audio（音频）

音频面板在输出图片和图片序列时是不出现的。音频面板主要用于设置输出音频的格式、模式及质量等，如图11-14所示。

（6）Others（其他）

在输出设置对话框的最后一个面板，可以将输出的作品上传到网络FTP空间。

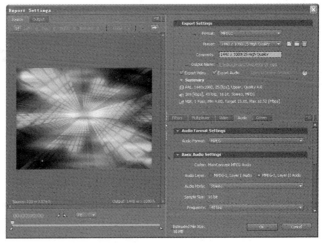

图11-14　音频

# 11.3 输出单独音频文件

Premiere具有强大的音频编辑功能，因此可以单独编辑、输出音频文件。本节通过一个具体的实例来介绍音频文件的输出方法。

操 作 步 骤

01 启动Premiere应用程序，打开一个项目文件，如图11-15所示。

图11-15　时间线窗口

02 确保时间线窗口处于激活状态，执行【File】/【Export】/【Media】命令，弹出【Export Settings】对话框，取消选择【Export Video】复选项，如图11-16所示。

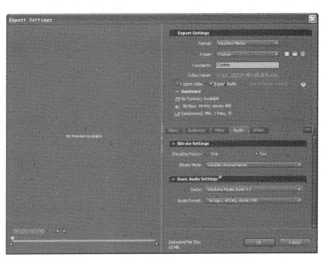

图11-16　【Export Settings】对话框

03 在【Export Settings】对话框中单击 OK 按钮，在弹出的【Adobe Media Encoder】对话框中，可以再选择输出音频的格式，如图11-17所示。

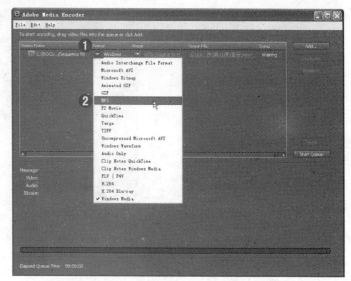

图11-17 选择输出音频的格式

04 单击 Start Queue 按钮开始编码，如图11-18所示。

05 编码完了，输出的音频文件自动保存在前面设置的路径中。

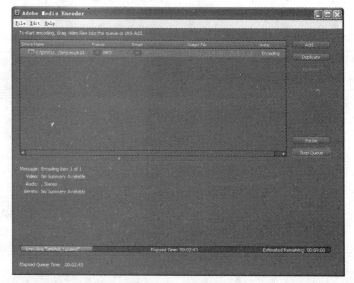

图11-18 开始编码

# 11.4 输出影片文件

当编辑好一个电影后，最终还要输出新的电影文件。在Premiere里面操作的PPJ文件只记录了编辑的内容和各种设置。如何把节目输出成影视格式以在计算机上播放，或是进一步转换成其他的影视格式。因为Windows本身结合了AVI格式文件的播放功能，所以一般制作用于Windows平台上播放的文件时都选用AVI格式文件，本节通过一个实例介绍AVI格式文件的输出方法。

操 作 步 骤

01 启动 Premiere 应用程序，打开一个项目文件。

02 执行【File】/【Export】/【Media】命令，弹出【Export Settings】对话框，系统默认为WMV格式，如图11-19所示。

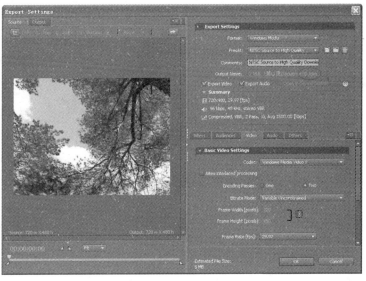

图11-19 系统默认设置

03 在【Export Settings】对话框中单击 Windows Media 按钮，在弹出的下拉菜单中选择【Microsoft AVI】格式选项，设置输出文件类型为PAL制，拖动 按钮预览输出文件，如图11-20所示。

04 单击 OK 按钮，在弹出的【Adobe Media Encoder】对话框中，单击 Start Queue 按钮开始编码，Premiere 就开始进行输出处理，并将输出结果保存起来。

图11-20 【Export Settings】对话框

# 11.5 输出DVD文件

DVD格式是目前一种较为常见的视频格式，使用Premiere可以输出高质量的DVD文件。DVD把视频信息和音频信息放在不同的文件中，由于一个VOB文件中最多可以保存1个视频数据流、9个音频数据流和32个字幕数据流，所以DVD影片也就可以拥有最多9种语言的伴音和32种语言的字幕。Premiere CS5还可以将DVD视频文件和音频文件混合到一个文件中，下面通过一个实例来介绍怎样输出DVD文件。

01 启动 Premiere 应用程序，
打开一个项目文件。

02 执行【File】/【Export】
/【Media】命令，弹出
【Export Settings】对
话框，如果是输出DVD
文件，那么设置就要多
一些了，首先要选择
【MPEG2-DVD】格式，
如图11-21所示。

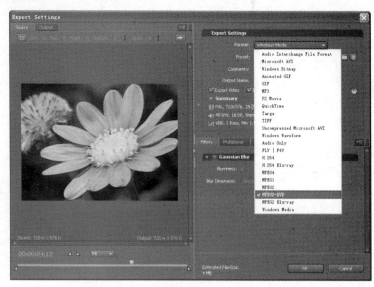

图11-21 选择【MPEG2-DVD】格式

03 接着选择输出文件类型为
【PAL High Quality】，如
图11-22所示。

图11-22 选择文件输出类型

04 单击选择【Multiplexer】
选项，在此选项下选择
【DVD】，如图11-23所示。

图11-23 【Multiplexer】选项

**05** 单击选择【Video】选项，在此选项下设置【Quality】为5，如图11-24所示。

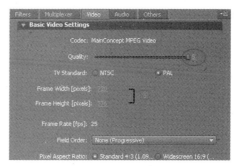

图11-24 设置参数

**06** 单击选择【Audio】选项，在此选项下选择【Audio Format】为MPEG格式，如图11-25所示。

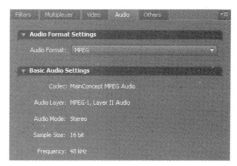

图11-25 【Audio】选项

**07** 单击 OK 按钮，弹出【ADOBE MEDIA ENCODER CS5】画面，如图11-26所示。

图11-26 【ADOBE MEDIA ENCODER CS5】画面

**08** 等过几秒钟，画面进入【Adobe Media Encoder】对话框，如图11-27所示。

**09** 单击 Start Queue 按钮开始编码，Premiere就开始进行输出处理，并将输出结果保存起来。

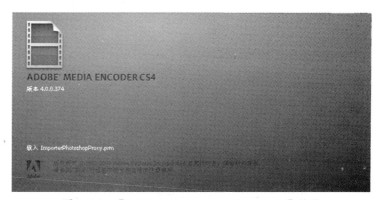

图11-27 【Adobe Media Encoder】对话框

# 11.6 输出MOV文件

可以通过Premiere提供的批处理输出功能，使用Premiere自动地一次输出多个视频节目。在批处理过程中，可以为每一个输出节目分别指定不同的属性设置和压缩算法，Premiere会自动进行区别处理。在如下情况下使用批处理输出文件，能够提高工作效率，使用更简单。

● 执行多个输出任务时，可使用Premiere自动处理。

● 在输出节目时尝试使用多种输出设置，观察在哪种输出设置下会有最好的输出效果。

● 把一个节目输出到多个媒体介质上。

● 为不同的编辑任务创建不同的输出版本。

下面以输出MOV文件为例，来介绍如何批处理文件。

操作步骤

01 在桌面上双击 快捷图标，打开Premiere应用程序。

02 在弹出的欢迎界面中单击【Open Project】按钮，打开一个项目文件。

03 激活时间线窗口，执行菜单栏中的【File】/【Export】/【Media】命令，在弹出的【Export Settings】对话框中直接单击 OK 按钮，在弹出的【Adobe Media Encoder】对话框中单击 Add... 按钮，在【Open】对话框中选择准备进行批处理的节目或视频文件，如图11-28所示。

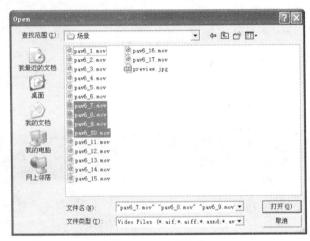

图11-28　选择文件

04 单击 打开⑨ 按钮把选择的文件加入到批处理列表中，如图11-29所示。

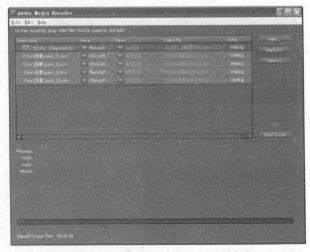

图11-29　将文件加入到批处理列表中

05 如果用户想将批处理列表中的第一个节目输出成 MOV 格式的文件，在【Adobe Media Encoder】对话框中选中第一个节目，单击【Format】下的▼按钮，在弹出的下拉菜单中选择【QuickTime】格式，如图 11-30 所示。

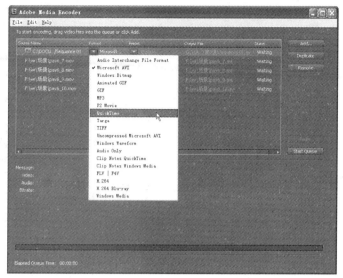

图11-30 【Adobe Media Encoder】对话框

提 示

MOV 是一种大家熟悉的流式视频格式，它在某些方面甚至比 WMV 和 RM 更优秀，并能被众多的多媒体编辑及视频处理软件所支持，用 MOV 格式来保存影片是一个非常好的选择。MOV 即 QuickTime 影片格式，它是 Apple 公司开发的音频、视频文件格式，用于存储常用数字媒体类型，如音频和视频。当选择 QuickTime（*.mov）作为"保存类型"时，动画将保存为 .mov 文件。QuickTime 视频文件播放程序，除了播放 MP3 外，QuickTime 还支持 MIDI 播放。并且可以收听／收看网络播放，支持 HTTP、RTP 和 RTSP 标准。该软件还支持主要的图像格式，比如：JPEG、BMP、PICT、PNG 和 GIF。

06 单击【Preset】下的▼按钮，在弹出的下拉菜单中选择【QuickTime】，并设置节目的输出路径及名称，如图 11-31 所示。

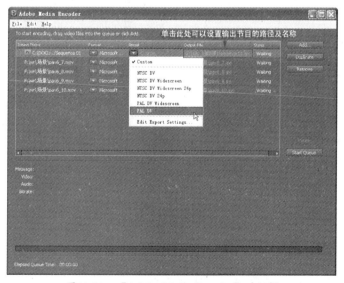

图11-31 【Adobe Media Encoder】对话框

提 示

对批处理列表中的每一个文件，选中后可以分别作如下处理：单击 Duplicate 按钮，可以将该节目在批处理列表中复制一个；单击 Remove 按钮，可以将该节目从批处理列表中删除。

07 如果想预览要输出的节目文件，要确保此节目仍处于选中状态，执行【Adobe Media Encoder】对话框中菜单栏上的【Edit】/【Export Settings】命令，如图11-32所示。

08 执行【Export Settings】命令后，弹出【Export Settings】对话框，如图11-33所示。

09 确保各项参数设置完成后，单击 OK 按钮关闭【Export Settings】对话框，返回到【Adobe Media Encoder】对话框，单击 Start Queue 按钮开始编码，Premiere 就开始进行输出处理，并将输出结果保存起来。

10 利用同样的方法，可以对批处理列表中的其他项目进行输出，在这里就不一一列举了。

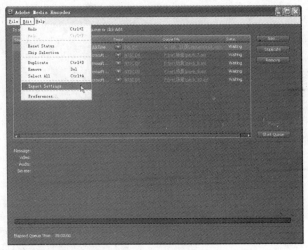

图11-32 选择【Export Settings】命令

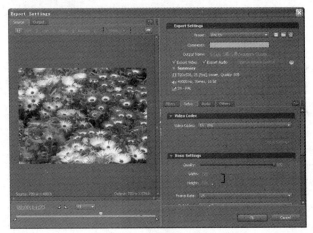

图11-33 【Export Settings】对话框

# 【课后练习】输出音频文件

输出并保存*.avi文件，过程提示如下。

01 当用户需要将编辑好的音乐输出为磁盘上的音频文件时，首先同样需要做好准备工作。包括清除或禁用不需要的素材信息、设定工作区等。

02 执行菜单栏中的【File】/【Export】/【Media】命令，将时间线窗中的素材合成为完整的音频文件。

03 选择【Media】选项后，在弹出的【Export Settings】对话框中，用户可以设置要保存的文件名、文件路径以及各种参数。

04 设定好各项参数后，单击 OK 按钮确定。在屏幕上出现影片输出的进度显示器。当影片输出完成后，系统将自动用一个素材窗打开输出到磁盘上的影片文件并进行播放。